船舶进出限制水域水动力与智能助航

齐俊麟　李廷秋　著

U0265250

科学出版社

北京

内 容 简 介

本书以限制水域与智能助航的相关基础力学问题为背景，主要讨论了面对三峡升船机船舶进出船厢限制水域的船舶水动力特性和智能助航技术，涵盖船舶极限岸壁效应、浅水效应、船间效应、牵引方案、智能决策以及智能感知等方面，旨在创建理论与技术框架，提升船舶进出船厢的效率和安全性，为船舶通航提供新的理论、方法与技术手段。

本书可供高等院校的本科生、船舶工程师、水利工程专家以及相关研究人员参考。

图书在版编目（CIP）数据

船舶进出限制水域水动力与智能助航 / 齐俊麟，李廷秋著. -- 北京：科学出版社，2024.9

ISBN 978-7-03-077426-2

Ⅰ. ①船… Ⅱ. ①齐… ②李… Ⅲ. ①水域-水动力学 ②助航设备 Ⅳ. ①TV131.2 ②U644

中国国家版本馆CIP数据核字（2024）第007175号

责任编辑：姚庆爽　李　策 / 责任校对：崔向琳
责任印制：师艳茹 / 封面设计：无极书装

科 学 出 版 社 出版
北京东黄城根北街16号
邮政编码：100717
http://www.sciencep.com
北京建宏印刷有限公司印刷
科学出版社发行　各地新华书店经销
*
2024 年 9 月第 一 版　开本：720×1000 1/16
2024 年 9 月第一次印刷　印张：13
字数：262 000
定价：**128.00** 元
（如有印装质量问题，我社负责调换）

序

  历史表明，长江自古以来就在中国的发展中发挥了举足轻重的作用。横跨长江的三峡大坝，深刻改变了社会、商业和环境发展，显著增强了长江对经济社会发展的推动作用。起初，三峡大坝被视为船舶沿江航行的阻碍，但通过工程创新和设计，船舶可翻越大坝的船闸和升船机，成功克服了这一难题。

  近年来，非线性水动力学理论是国内外前沿研究的热点话题之一。一方面，中国科学技术和经济建设跨越式发展，提出了大量非线性问题；另一方面，国民经济各领域对非线性问题的研究，推动了非线性水动力理论和方法的发展，促进了中国科学技术的不断进步，亦为非线性力学理论和方法提供了广阔的应用和发展空间。为此，齐俊麟正高级工程师和李廷秋教授团队以该项目复杂工程问题中若干典型限制水域非线性现象为研究对象开展了深入探讨。

  团队结合人工智能、大数据和应用计算流体力学理论开展研究，为精确评估船舶性能、控制、速度和路线提供了一个框架，确保了船舶在三峡大坝水域及利用升船机通过三峡大坝过程中的安全性和高效性。

  该书作者及其团队多年来致力于海洋工程中的非线性水动力学研究，拓宽了限制水域船舶非线性水动力学的应用研究领域，解决了船舶过闸非线性水动力学问题，同时取得了一系列研究成果。相信该书的出版将对中国船舶工程领域的人才培养和技术进步起到推动作用。

W. Geraint Price

英国皇家学会院士

英国皇家工程院院士

中国工程院外籍院士

2022 年 9 月

（纪欣羽　译）

前　　言

　　三峡升船机船舶进出船厢限制水域典型的水动力特性与智能助航技术面临很多挑战，如浅水与岸壁效应、高跌差水位波动与盲肠航道效应、船间效应、低速与无舵效应以及智能感知技术等。本书主要面向三峡升船机船舶进出船厢限制水域典型的船舶水动力性能预报、船舶进出船厢牵引方案、船舶智能决策方案以及船舶智能感知关键技术等方面，围绕船舶进出船厢限制水域水动力五大物理特征与智能感知等关键技术，在计算流体力学前沿理论与技术框架下，结合人工智能、大数据等，以通航效率、航速可控、航向稳定、路径可控等为目标，创建面向三峡升船机船舶进出船厢考虑浅水与岸壁效应、高跌差水位波动与盲肠航道效应，以及船间效应的非线性船舶水动力学理论框架与方法，提出船舶进出船厢电动推轮、机械牵引等策略，发展船舶进出船厢智能感知与数据融合等关键技术，构建船舶进出船厢风险感知与预警模型，突破三峡升船机船舶进出船厢限制水域传统建模理论与方法的局限性，解决三峡升船机船舶进出船厢耗时长、效率低等问题，为三峡升船机稳定高效运行、保证船舶进出船厢的安全与效率，提供新的理论、方法与技术手段。

　　首先，面向长航槽船舶进出船厢限制水域水动力五大特征与关键技术，针对长航槽船舶进出船厢水动力性能预报四个典型阶段（①长航槽双船组合船舶机械牵引/电动助推阶段；②船舶进厢阶段；③船厢内船舶傍靠阶段；④盲肠航道船舶系泊阶段）设计与研制高跌差水位波动下引航道双船系泊物模试验装置，以及长航槽双船组合电动助推被助推船进出船厢示范试验装置。开发分区径向基函数技术、多重网格预估-修正迭代技术，发展双数学模型与理论方法，创建面向三峡升船机船舶进出船厢考虑浅水与岸壁效应、高跌差水位波动与盲肠航道效应以及船间效应的非线性船舶水动力学理论框架与方法。依托标模破损船流动与运动响应、完整船浅水/岸壁阻力预报、溃坝等经典场景，获得相关物模与数模结果，实现高效精确捕捉精细流场，揭示高跌差水位下考虑岸壁效应的船-船非线性运动耦合船舶运动规律。

　　与此同时，为解决计算流体力学大规模数值仿真耗时长与效率低等问题，依据机器学习聚合模型，发展基于 NSGA-II 优化算法的近似聚合模型，确保三峡升船机船舶进出船厢限制水域高跌差水位波动的快速预报。

　　其次，考虑到船舶驾驶人员驾驶难度高、升船机运行效率低等多方面的问题，从升船机进出船厢的牵引方案出发，提出电动推轮拖曳和机械牵引小车牵引船舶两种船舶进出厢牵引技术方式，以达到安全高效通航的目的，并对机械牵引机构和轨道结构采用运动学设计、动力学计算以及数值仿真等多个技术手段进行分析。

再次，针对浅水与岸壁效应，一方面鉴于不合理操作引起船舶进出厢时偏离航道中心线风险，以及船舶两侧不对称"岸吸"现象可导致船舶与岸边碰撞，造成经济财产损失；另一方面制定合理航行决策技术，是船舶主动避碰的有效手段，但对船舶操纵水平提出了更高的要求。为此，通过计算仿真，对典型过闸船型进出船厢运动过程进行模拟，分析船体左右两侧所受外载荷差异，考虑不同航向角、偏移位移等因素，确定船舶进出船厢时所需功率，以及进行最佳操作指导和发生偏移时所应采取的功率调整措施。进一步，基于计算获得知识库，结合合理智能决策方法构建典型船舶进出船厢智能决策流程，通过改进智能算法来提高船舶进出船厢的效率与安全性，最终提出船舶进出船厢主动安全与高效航行智能决策方案。

最后，在船舶进出船厢智能感知关键技术方面，针对海事雷达、AIS（北斗/GPS定位）、激光雷达、毫米波雷达、光学摄像机作用范围，结合三峡升船机通航特点，提出船厢外水域采用以AIS设备、海事雷达为主，以视频为辅的监测手段；船厢内水域采用以激光雷达和毫米波雷达定位测速为主，以摄像头为辅的监测手段，依托各类传感器采集船舶目标数据，采用数据融合手段将多源感知数据融合为连续、精确、稳定的船舶监测目标数据，实现船舶局部区域的高精度定位，为船舶安全通航提供数据服务。

此外，在船舶进出船厢智能助航关键技术方面，基于船舶进出船厢智能感知数据，结合人工智能、模糊加权融合、视线线路（line of sight，LOS）控制、Unity3D等技术，提出船舶进出船厢风险感知与预警模型、船舶进出船厢助航服务技术，实现船舶超速、偏航、越界、碰撞等风险预警与船舶航行轨迹引导，并基于三维实景仿真技术开发三峡升船机通航水域辅助航行数据显示系统，提升船舶进出三峡升船机船厢安全保障智能化水平。

作者长期从事三峡-葛洲坝通航建筑物管理技术创新、船舶水动力学及智能助航技术研究工作。在本书撰写过程中，长江三峡通航局金锋、李然、汤伟华、闫晓青、张银婷，以及武汉理工大学程细得、初秀民、常海超、郑茂、曾青松、王子平、姚宇等贡献了他们的智慧，在此表示感谢。由于撰写时间仓促、知识涉及范围广、内容多，书中不足之处在所难免，敬请同行与读者指正，以便我们及时完善、修订和改正。如果本书能对您的工作和研究有所启迪和帮助，我们也将倍感欣慰和荣幸。

在本书的编写过程中，科学出版社给予了大力支持，在此表示衷心的感谢。

作　者
2024年1月

目　　录

第1章 绪 论

1.1 引 言

内河水运具有投资省、占地少、运能大、运价低、能耗低、污染小等显著优势[1]，在支撑国家沿江河产业布局、促进区域协调发展、降低社会物流成本、完善综合运输体系、促进水资源综合利用和生态文明建设中体现了重要价值[2]。水路运输业作为重要的基础性产业，一直受到国家的高度重视。截至 2021 年底，我国内河航道通航里程达 12.76 万 km，等级航道通航里程达 6.72 万 km，占总里程比重为 52.7%，其中三级及以上航道通航里程为 1.45 万 km，占总里程比重为 11.4%。2022 年，《水运"十四五"发展规划》提出，到 2035 年，安全、便捷、高效、绿色、经济的现代水运体系基本建成。内河水运完成国家高等级航道网 2.5 万 km 预期目标，充分发挥在"6 轴 7 廊 8 通道"综合立体交通网主骨架中的通道作用。

内河水运是国家综合交通运输体系的重要组成部分，遍布在内河航道网中的众多通航建筑物为改善通航环境、提升运输能力作出了巨大贡献，成为内河水运体系的重要节点。随着全球经济的飞速发展，如今的船舶已经逐渐向智能化、大型化和快速化的趋势发展，港口、运河和通航建筑等航道设施水流条件相对于大型船舶而言水深较浅，航道宽度较窄，此类水域称为限制水域。当大型船舶在限制水域中航行时，船体水动力将会受到浅水效应和岸壁效应的影响，在船体坐标轴三个方向上分别产生力和力矩，使船舶发生下沉和纵倾、岸推或岸吸等现象。若操作不当，则极有可能发生触底和碰壁事故，造成不必要的经济损失。

升船机是利用机械装置升降船舶以克服航道上集中水位落差的通航建筑物，是最为典型和复杂的限制水域。国内大部分升船机建设在天然河道的水利枢纽上，并与电厂或船闸相邻。与船闸相比，升船机结构尺寸普遍偏小，允许通行的船舶吨位较低。升船机受建设位置、天然河道自然通航环境、本身结构型式及运行工艺流程的影响，船舶在通过升船机时，船厢及闸首水深较浅且宽度较窄，受浅水效应及岸壁效应影响显著，因与船闸或电厂毗邻，上下游均受到高跌差水位波动的影响，当船厢与航道连通时，引航道与船厢形成典型的盲肠航道，船舶进出厢时受盲肠效应影响显著。

为解决船舶在限制水域的通航安全、效率及环境污染等问题，本书主要针对限制域船舶水动力性能、船舶牵引和智能助航三个方面进行讨论，创建考虑浅水与岸壁效应、高跌差水位波动与盲肠航道效应影响的非线性水动力学理论体系与方法，发展高效精确船舶进出船厢运动与载荷预报方法，提出船舶航行决策方法，研制船舶助航服务与智能化监控系统，保障通航安全，提升通航效率，达到节能减排和绿色通航的目的。

鉴于三峡升船机是世界上规模最大、运行条件最复杂、技术难度最高的升船机，因此本书以三峡升船机作为具体示例，对船舶进出限制水域的水动力特性及智能助航技术进行论述。此研究不仅具有代表性和典型性，更具有指导意义。

1.2　船舶进出船厢限制水域背景

船舶在限制水域中航行时与在宽阔的航道中航行时的水动力性能、操纵性和航行性能有明显的不同，往往众多船舶航行安全事故都是在限制水域中发生的，如船舶触底、搁浅、与障碍物碰撞以及船-船相撞等。从环境特点而言，限制水域通常水深较浅，水面较窄，并伴随一定的水位波动问题。从船舶运动特点而言，在限制水域中航行的船舶航速通常很低，在进出限制水域时需频繁调整船舶的转向和姿态，运动幅度通常很大。从受力特点而言，受水底及岸壁等边界的影响，限制水域中船舶通常受到较大的抽吸力、横向力和回转力矩，非线性水动力显著影响船舶耐波性和操纵性能；由于船舶航速较低，风和流等环境力、牵引系泊力以及邻近船舶的干扰水动力对船舶运动的影响更为显著。

为降低船舶运营生命周期内出现安全事故的概率，必须深入研究限制水域中运动船舶的受力与运动特性，分析其水动力特性背后的物理机理，进而提出船舶牵引和智能助航等辅助方案，提高限制水域船舶运营安全性。为解决船舶进出限制水域的通航安全、效率及环境污染等问题，本书主要从船舶进出升船机限制水域水动力学特性分析、船舶牵引与智能助航技术两方面入手，以通航效率、航速可控、航向稳定、路径可控等为准则，分析船舶通航过程中面临的主要问题，通过发展与应用数模与物模技术，结合人工智能技术，提出分域双数学模型和理论数值方法，自主设计与研制试验装置，创建面向考虑船舶进出船厢限制水域浅水与岸壁效应、高跌差水位波动与盲肠航道效应、船间效应的非线性船舶水动力学理论架构与技术方法，揭示船舶进出限制水域的运动规律。在此基础上，进一步分析提出船舶通过限制水域牵引及智能助航技术，制订高跌差水位限制水域船舶牵引技术方案，开发船岸协同的船舶进出船厢智能助航系统，研制基于岸基检测的船舶进出船厢航行动态监测样机与船舶进出船厢智能助航样机，对确保船舶通过升船机限制水域通航安全、提高通航效率、减少环境污染具有重要意义。

1.3　船舶水动力学现状

水力特性研究方法包括理论分析、物理模型试验、原型观测和数值模拟等。其中,理论分析、物理模型试验、原型观测研究成果丰富。随着船舶大型化发展,标志着狭窄航道浅水和岸壁效应成为国内外船舶水动力学界研究的焦点与热点,高效精确捕捉浅水与岸壁效应方法是研究限制水域船舶水动力学的关键技术。近年来,研究人员大多采用物理模型试验手段对限制水域船舶阻力性能开展研究,包括分析不同水深吃水比、不同船型、不同航速对船舶阻力与船体下沉量的影响,讨论阻力估算方法,总结浅水船舶阻力经验公式。限制水域效应下水流黏性影响显著,经验公式单一,简化模型局限特定船型,难以准确预报,回归公式(基于试验)也无法揭示浅水和岸壁效应机理。

总体来说,目前船舶进出船厢限制水域水动力学数模与物模仍处于发展阶段,诸多问题有待进一步研究与探索。例如,已有的研究受浅水/岸壁效应强非线性模型限制,多数局限于传统单数学模型框架;面向三峡升船机船舶进出船厢考虑浅水与岸壁效应、高跌差水位波动与盲肠航道效应影响的水流-船舶耦合数学模型与物理模型,以及分区分域双数学模型,在国内外鲜有涉及。

本书针对船舶进出三峡升船机船厢水动力学特性,通过发展与应用计算流体力学(computational fluid dynamics,CFD)理论与方法,结合人工智能、大数据等前沿技术,建立考虑浅水/岸壁盲肠高跌差水位影响的船舶进出船厢双数学模型与理论方法,设计与研制考虑高跌差水位极端影响下的引航道-船厢-船舶试验装置、船厢盲肠航道-船舶系泊试验装置等,创建面向三峡升船机考虑船舶进出船厢限制水域浅水与岸壁效应、高跌差水位波动与盲肠航道效应影响的非线性水动力学理论体系与方法,突破限制水域浅水与岸壁效应经典建模理论与方法的局限性,为三峡升船机稳定高效运行、保证船舶进出船厢安全,提供新的理论、方法与技术手段。

1.4　船舶牵引技术现状

船舶在通过升船机船厢时,将会面临复杂的通航环境载荷问题,主要包括:①船舶进出升船机船厢限制水域时,会受到明显的岸壁效应的影响,可能导致船舶擦碰升船机设备设施,使船舶及升船机设备设施受损;②船舶在进出水深和宽度都受限的船厢限制水域时,受浅水效应影响显著,船舶航行时会出现下沉及纵倾变化、阻力增加和操纵性变差等现象。

采用牵引船舶进出船厢是提升升船机运行安全、运行效率的有效途径和手段，主要原因有三点：①可以有效控制船舶航向，及时减速停止，降低动吃水，减小船舶航行时与升船机设备造成碰撞的概率，保障升船机运行安全；②可以有效控制进出船厢船舶的航速，船舶在进出船厢过程中不需要做过多的调整，可以缩短船舶进出船厢耗时，提高升船机的通航效率；③实现通航过程中船舶主机完全关闭，避免主机燃料燃烧不充分，排出的有害气体对升船机周围环境造成污染。

牵引船舶进出船厢的方案设计需要参考船舶在升船机航道内航行时的水动力，国际海事组织（International Maritime Organization, IMO）对船舶的操纵性预报、评估方法和操纵性标准的制定与更新作了长期、卓越的努力，在 1993 年和 2002 年分别颁布了《船舶操纵性暂行标准》（*Interim Standard for Ship Maneuverability*）与《船舶操纵性标准》（*Standard for Ship Maneuverability*），但是国际海事组织提出的操纵性标准主要是针对船舶在无限水域的情况，没有考虑岸壁效应对船舶水动力的影响，而船舶在三峡升船机航道航行时，受阻塞效应的影响，船舶阻力会明显增大，且两侧航道形状不对称，导致船舶受横向力与艏摇力矩的影响，因此需要针对限制水域船舶水动力的预报进行研究，才能更合理地设计出辅助牵引船舶航行的方案。

1.5　船舶智能助航技术现状

船舶智能助航技术主要为船舶航行提供精确的航位、航速和航向，具有惯性计算、地图匹配以及卫星定位等多种信息，有助于建立船体本身的动态和位置参数，主要产品包括海事雷达、船舶自动识别系统（automatic identification system, AIS）、激光雷达、毫米波雷达、光学摄像机等。目前研究的方法以各传感器独立感知为主，在结合电子海图的基础上可以粗略地得到船舶周围通航环境的安全态势。但综合来看，目前对于船舶智能航行高精度全息安全态势感知的研究较少，大部分方法均未充分考虑船舶智能航行的复杂性及多变性，在实际应用中仍然存在诸多问题。各传感器信息具有一定的互补性和冗余性，将多源传感器信息进行融合，有利于改善船舶对周围障碍物的探测性能，提高船舶导航信息的精度和可靠性，这是船舶智能助航技术发展的重要方向。在此基础上，通过船舶航行安全态势评估，理解特定航行环境中相关元素并预测船舶未来变化趋势，实现智能化分析预警。但在实际情况中，随着态势要素的增加，推理算法计算量将大幅度提升，且在网络参数与结构方面，仍较多采用专家知识构建。如何完善推理算法，减少对专家知识的依赖，使模型能够动态地自适应学习构建，也是一个重要的研究方向。针对船舶进出通航建筑物的耗时长、易碰擦通航设备设施等问题，亟须引入更为先进的信息化监测手段，对船舶进出大型通航建筑物提供辅助导航服务，从而提高通航效率。

本书开展了基于岸基检测的典型船舶进出船厢航行状态监测系统的研究,对船舶进出船厢的速度、位置、航迹进行全过程监测,并开展了数据滤波、实时定位等技术研究。采集三峡升船机真实场景数据,并基于三维实景仿真技术开发三峡升船机通航水域辅助航行数据显示系统;通过融合数据及三维仿真引擎实时渲染船舶三维运动状态和在厢状态。基于船舶非线性运动特性研究成果,开展典型船舶进出船厢安全航行策略研究,结合上下游引航道环境条件优化航行规划策略,开发船岸协同的船舶进出船厢智能助航系统。

1.6 典型限制水域

三峡升船机是三峡水利枢纽工程通航建筑物的重要组成部分,主要为客货轮和特种船舶提供快速过坝通道。三峡升船机成功通航,将船舶过坝时间由原来的 210min 缩短至 50min 左右,创造了"大船爬楼梯、小船坐电梯"的三峡奇景。

随着长江干线航运经济不断发展、船型标准化不断推进,三峡枢纽过坝船舶数保持持续增长的态势。然而,三峡升船机水域作为一种特殊的限制性航道,其断面系数(仅为 2)远小于一般限制性航道,叠加船舶在通过三峡升船机时面临浅水与阻塞效应、低速与无舵效应、盲肠航道与高跌差水位波动及船间效应等多种因素的影响,导致船舶在通过三峡升船机时存在一定的安全风险,且通航效率较低,严重影响三峡升船机快速通道发挥作用。

1.6.1 三峡升船机主要技术参数

三峡水利枢纽通航建筑物由三峡升船机、双线五级船闸构成,三峡水利枢纽通航建筑物总布置如图 1-1 所示。

(a) 三峡水利枢纽通航建筑全景   (b) 三峡升船机情景

图 1-1 三峡水利枢纽通航建筑物总布置

长江三峡水利枢纽升船机工程主要技术参数如表 1-1 所示。

表 1-1　长江三峡水利枢纽升船机工程主要技术参数

参数	规格及特征
升船机类型	全平衡齿轮齿条爬升式垂直升船机
过船规模	3000t 级(排水量)
船厢室段建筑物尺寸(长×宽×高)	121m×59.8m×169.5m
最大/最小提升高度	113m/71.2m
承船厢外形尺寸(长×标准段宽×标准段高)	132m×23m×10m
承船厢有效水域尺寸(长×宽×水深)	120m×18m×3.5m
承船厢总体质量(设计值/实际值)	15500t/15780t
每天工作时间	22h
平均年工作天数	335 天
钢结构设计寿命	70 年
土建设计寿命	100 年

其中，三峡升船机工程布置于枢纽左岸，位于双线五级船闸右侧，左岸 7 号与 8 号非溢流坝段之间(图 1-1(b))，由上游引航道、上闸首、船厢室段、下闸首和下游引航道等部分组成，全线总长约 7300m，主体段轴线与主坝轴线成 80° 交角。

此外，三峡升船机过船规模为 3000t 级(排水量)，承船厢有效水域尺寸为 120m×18m×3.5m(长×宽×水深)，最大提升高度为 113m，上游通航水位变幅为 30m，下游通航水位变幅为 11.8m，升船机运行设计下游水位允许变率条件为 ±0.50m/h。升船机上游最低通航水位为 145m，最高通航水位为 175m；下游最低通航水位为 62m，最高通航水位为 73.8m。通航最大入库流量为 56700m³/s，最大下泄流量为 45000m³/s。通航最大风级为 6 级，风速不大于 10.8m/s，通航能见度上行应大于 500m，下行应大于 1000m。平衡重悬吊部分总重与船厢结构、设备及厢体内水体总重相等，约为 15500t(调整检修后实际重量为 15780t)。三峡升船机具有提升高度大、提升重量大、上游通航水位变幅大和下游水位变化速率快的特点，是目前世界上技术难度和规模最大的升船机。

1.6.2　三峡升船机船舶通航情况

以 2021 年全年三峡升船机船舶通航运行数据为例，通过归纳与总结，全面阐述三峡升船机船舶年度通航情况。图 1-2 为 2021 年三峡升船机通过船舶类型及占比。

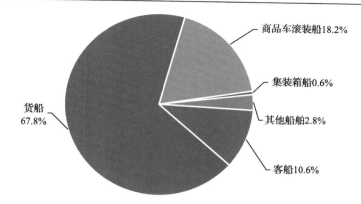

图 1-2　2021 年三峡升船机通过船舶类型及占比

截至 2022 年 9 月 18 日，三峡升船机累计通航 6 周年，这期间共运行近 3 万厢次，通过船舶近 2 万艘次，通过货物约 1080 万 t，旅客 54 万余人次，通过量近 1230 万 t。三峡升船机日平均运行厢次由通航初期的 7.3 厢次上升至 2022 年的 24.2 厢次，增幅达 3 倍；船舶过厢平均历时由通航初期的 75min 缩短至 50min 左右。2021 年，三峡升船机共运行近 6700 厢次，通过船舶近 4800 艘次，通过旅客约 10 万人次，通过货物约 366 万 t，通过量达 414 万 t，船舶过厢平均历时 49min42s，通航运量及效率均创历史新高。

2021 年，三峡升船机通过船舶中船厢厢室面积利用率达 90%及以上的大尺度船舶近 900 艘次，占比约 19%。通过船舶中船厢厢室面积利用率低于 90%的小尺度船舶进出船厢平均历时 24min32s，擦碰升船机设备设施共 5 次。大尺度船舶进出船厢平均历时 46min7s，擦碰升船机设备设施共 35 次。可见，影响升船机通航安全及效率的主要因素是大尺度船舶，而在大尺度船舶上下行进出厢的 4 个过程中，下行进厢过程历时最长且安全风险最大。船舶在进出升船机船厢时，因受到明显的浅水、岸壁、盲肠航道及大幅水位波动等复杂环境载荷的影响，船舶通航安全受到较大威胁。为确保航行安全，船舶进出船厢速度普遍偏低(通常只有 0.35m/s)，船舶进出船厢历时较长(通常达 25min)，而大尺度船舶更甚，大尺度船舶进出船厢速度普遍为 0.2m/s，进出船厢耗时长达 45min，严重影响升船机的通航效率。因此，为提升船舶通过升船机的航行安全水平，提高升船机通航效率，需要解决大尺度船舶的通航安全及效率问题。

1.6.3　三峡升船机过厢典型船型选择

交通运输部于 2018 年颁布了《三峡升船机通航船舶船型技术要求(试行)》，以保障三峡升船机的安全高效运行，充分发挥其快速过坝通道的作用，提高船闸和升船机的匹配运行效率，加快推进内河船型标准化，促进船舶技术进步。该项技术要求中明确指出，允许通过三峡升船机的船舶类型主要为客船、滚装货船、集装箱船，载运危险货物的船舶禁止通过升船机。为发挥三峡船闸和三峡升船机联合调度功能，在优先安排客船、滚装货船、集装箱船后升船机运行尚未饱和时，适时安排符合升船机通航条件且满足《长江水系过闸运输船舶标准船型主尺度系列》或 2013 年 4 月 1 日前建造的满足《川江及三峡库区运输船舶标准船型主尺度系列》的其他类型船舶通过。

通过升船机的船舶应满足如下要求：

(1) 三峡升船机船厢内船舶集泊最大平面尺度为 110.0m×17.2m（长×宽）。

(2) 通过升船机的船舶总长 ≤ 110.0m、总宽 ≤ 17.2m。若船首尾两端或两舷设有固定突出物（如舷伸甲板、护舷材、舷墙、顶推装置、舷外挂机及其安装支架、假首、假尾等），其长度应计入总长，宽度应计入总宽。

(3) 通过三峡升船机船舶的最大吃水控制为 2.7m。

(4) 通过三峡升船机船舶的最大排水量控制为 3000t。

(5) 升船机通航净空高度为 18.0m，通过升船机的船舶水面以上最大高度由长江三峡通航管理局根据三峡水库水位和活动公路桥改造情况确定。

考虑到升船机功能定位，为保障其通航安全和效率，以及船闸和升船机通航船舶尺度的匹配性，新建通过三峡升船机的船舶船型除须满足以上技术要求外，还需满足以下要求：

(1) 新建通过三峡升船机的运输船舶类型为客船、滚装货船、集装箱船。

(2) 新建通过升船机的船舶总长 ≤ 105.0m、总宽 ≤ 16.3m，且满足《长江水系过闸运输船舶标准船型主尺度系列》有关规定。

通过三峡升船机的 5 类船型（货船、客船、商品车滚装船、集装箱船、公务及工作船）中，货船占比最大，其次为商品车滚装船。因此，本书在选择三峡升船机通航船舶典型船型时，主要选择满足三峡升船机通航尺度要求且过厢频次高、过厢效率低的货船及商品车滚装船作为研究对象，阐述船舶进出船厢限制水域相关的水动力特性和智能牵引助航问题。

通过数据统计与分析发现，货船中同发 7 船舶尺寸为 105.0m×16.2m（长×宽），船舶尺寸相对较大，通过艘次数较多且效率相对较低，因此选择同发 7 作为货船中的典型船型。

在商品车滚装船中，安吉 209 船舶尺寸为 109.9m×17.0m（长×宽），基本达到升船机船厢船舶集泊最大平面尺度，且通过艘次数最多，效率又相对较低，因此选择安吉 209 作为商品车滚装船中的典型船型之一。

商品车滚装船中安吉 210 和安吉 211 是国内首批严格按照《三峡升船机通航船舶船型技术要求（试行）》建造的汽车运输船，船舶尺寸为 105.0m×16.3m（长×宽），其尺寸是后期新建通过升船机的滚装货船的标杆，为适应船型发展，也应将其确定为典型船型之一，因此选择过厢艘次较多的安吉 210 作为商品车滚装船的另一艘典型船型。

选取的三艘典型船型的相关技术参数如表 1-2 所示。

表 1-2 典型船型相关技术参数

船舶名称	船舶类型	船长/m	船宽/m	吃水/m	吨位/t
同发 7	散货船	105.000	16.200	4.450	6419.882
安吉 209	滚装船	109.900	16.600	3.079	3595.800
安吉 210	滚装船	105.000	16.000	3.100	3591.300

参 考 文 献

[1] 余丹亚. 水路运输比较优势评价指标体系研究[J]. 交通运输研究, 2018, 4（2）: 1-6.

[2] 潘海涛, 吴晓磊, 刘晓玲, 等. 新时代我国内河水运高质量发展思路[J]. 水运工程, 2021, （10）: 14-19.

第2章 船舶进出升船机船厢限制水域水动力特征

2.1 引 言

面对船厢浅水域与狭窄航道及上游高跌差水位波动，船舶进出船厢限制水域船舶运动面临的外界环境异常复杂。一方面，典型限制水域水动力特征涉及浅水效应、岸壁效应、高跌差水位波动效应、盲肠航道效应、船间效应等非线性多物理场耦合，显著影响船厢上游对接，引起船厢水深不足，危及三峡升船机及船舶进出船厢航行安全；另一方面，船舶进出船厢限制水域运动及水动力特征显著不同于开阔水域，尤其操舵难、下蹲现象显著、船舶运动更复杂等，是高度非定常、强非线性船舶水动力学问题，理论分析和数值求解十分复杂。

为此，本章综合考虑浅水效应、岸壁效应、自由液面效应影响的三类典型非线性问题，叠加高跌差水位波动效应、盲肠航道效应，通过建立限制水域数值水池，开展船舶进出船厢限制水域水动力性能研究。

本章面向三峡升船机船舶进出船厢限制水域水动力五类物理特征，简单扼要阐述浅水效应、岸壁效应、高跌差水位波动效应、盲肠航道效应以及船间效应等的内涵和机理。

2.2 船舶进出船厢限制水域水动力典型物理现象

2.2.1 浅水效应

浅水效应通常呈现高度湍流、流动分离等非线性现象，这将显著改变船舶水动力性能(如船舶受力与运动响应等)。受浅水河床/海床边界层的影响，浅水中船体下方水流将加速，引起压力下降，船舶产生明显下沉(或下蹲)现象。理论上，浅水域下蹲现象可诱导船舶周围流动加速，迫使船舶表面压力进一步下降，导致船舶下蹲更显著，由此产生搁浅事故，严重影响船舶操纵性、航向稳定性与安全性。

图 2-1 为典型三峡升船机船厢限制水域范畴。其中，引入水深吃水比 h/T 来定义深浅水域范畴(h 表示水深；T 表示船舶吃水)，浅水域水深吃水比一般遵循不等式 $1.2<h/T<1.5$(见图 2-1，其中虚线框内表示三峡升船机船厢典型水域范围)，这是一类典型非线性现象，也是船舶水动力学研究焦点，引起了国内外水动力学

者普遍关注，隶属于重大基础理论问题，归类为一类水动力基础理论共性技术。鉴于三峡升船机船厢限制水域实际水深吃水比 h/T 为 1.25，属于典型浅水效应定义范畴，因此在建立船舶进出船厢限制水域数学模型时需要考虑浅水效应的影响。

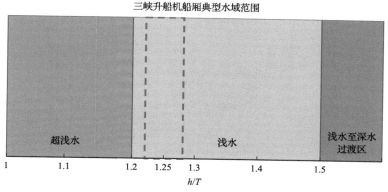

图 2-1　基于水深吃水比 h/T 定义浅水范畴结构图

　　通过分析、归纳与总结目前国内外的研究进展，现有的理论研究浅水效应的方法可大致划分为三大类：经验公式、模型试验和数值模拟。经验公式受船型和较多人为因素的限制，难以满足广泛的工程需求。半经验与半理论壁面函数技术、含经验系数湍流模型技术(含浅水效应、岸壁效应的限制水域数值模拟方法)存在过多的人为假设，这类求解浅水/岸壁效应的传统建模与理论方法，包括单数学模型，面临诸多数学模型不确定性难点与挑战。

　　总体来说，经过近十年的努力，开阔水域浅水效应建模理论与数值方法在工程应用方面取得较大进展，但仍处于持续发展阶段，诸多问题有待进一步深入研究与探讨；结合船间效应，考虑限制水域岸壁/浅水影响的船舶非线性运动预报(隶属于复杂多尺度动边界气-液-固多相流问题)鲜有涉及。

　　为此，面对限制水域浅水效应船舶水动力非线性运动预报问题，针对多数研究受标模试验与数学建模理论方法等多种不确定性影响，本书结合三峡升船机船舶进出船厢限制水域上/下引航道及水位流量变化等特点，通过系统开展船厢限制水域船舶水动力建模与理论方法及相关试验技术研究，高效精确预报限制水域船舶在浅水域中的水动力性能。

2.2.2　岸壁效应

　　岸壁效应内涵机理旨在，受船舶与岸壁之间的阻塞效应作用，产生高度湍流、分离涡，引起局部流场水流加速、压力下降等，显著改变限制水域船舶水动力性能，影响船舶操纵性、航向稳定性与安全性。

　　图 2-2 为船舶傍靠典型岸壁阻塞效应示意图。类似浅水效应，岸壁效应通过

诠释岸壁边界层对靠岸船舶与系泊船舶周围流场的影响，这也是一类典型的非线性现象，获得国内外水动力学者的普遍关注，隶属于重大基础理论问题，归类为一类水动力基础理论共性技术。鉴于船舶在进出船厢限制水域运动中受三峡升船机航道岸壁严重限制，固壁边界层明显影响船舶水动力性能，因此建立的船舶进出船厢限制水域数学模型应包含岸壁效应。

图 2-2　船舶傍靠典型岸壁阻塞效应示意图

　　例如，在研究阻塞效应时，尤其阻塞效应叠加浅水效应两类非线性问题，需建立考虑水深与船速、船型与环境参数、阻塞系数与螺旋桨等影响的阻塞效应函数数学模型。通过考虑不同环境参数如速度、水深、偏心距和漂角等对船舶水动力性能的影响[1]，比利时根特大学弗兰德水力学研究中心开展了系列试验研究船舶进出泽布吕赫港船闸过程(图 2-3)，为数值模拟验证提供可靠的试验结果。

图 2-3　船舶进闸浅水域船舶水动力标模试验[1](比利时)

　　类似于浅水效应的研究，本书结合三峡升船机船舶进出船厢限制水域上/下引航道及水位流量变化等特点，通过系统开展船厢限制水域船舶水动力建模与理论方法,以及相关试验技术的研究,高效精确预报受岸壁效应影响的船舶水动力性能。

2.2.3 高跌差水位波动效应

高跌差水位波动效应主要体现为:受洪水涨落、船闸灌泄水、大风等环境因素的影响,引起引航道内水位缓慢波动变化(图2-4(a)),伴随大幅波动。水位波动幅度与周期具有随机性,多种波源叠加使引航道内水位波动呈现复杂非线性波动现象,影响船舶进出船厢操纵性、安全性和通航效率。此外,在船舶进船厢过程中,引起船厢进口处水面变化最大波动幅值可达50.6cm(图2-4(b))。

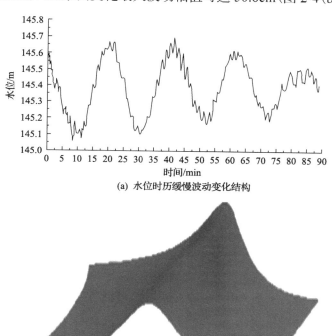

(a) 水位时历缓慢波动变化结构

(b) 高跌差水位波动极端现象示意图

图2-4 引航道高跌差水位缓慢波动与极端效应

造成引航道内高跌差水位波动的主要源点概括为水库调洪(库区水位下降最大允许2m/天,水位抬升5m/天)、船闸泄水(五级永久船闸和升船机共用部分引航道)、风浪、船行波以及上游水位低于150m等。例如,枯水期间上游隔流堤将露出水面,迫使引航道和大江隔离,船闸灌水仅从上游引航道口门区补水,导致船厢水位波动现象更加显著。此外,在船厢对接卧倒门开启过程中,若存在对接水位差,则会引起明显的船厢水面波动。

为此,考虑高跌差水位波动效应的影响旨在引入三峡升船机上游通航高跌差水位极端环境,通过预报高跌差水位下船舶进出船厢船舶运动响应(如纵摇、升沉等)，解决三峡升船机上游引航道限制水域本身固有的水动力问题(隶属于船舶水动力学前沿技术)。同时，制定相关安全准则，解决上游船舶进入引航道-船厢面临触底、船厢碰撞等安全问题。

近年来，现有研究聚焦在船闸充泄水对引航道水位波动的影响，尚未见高跌差水位波动极端效应下船舶运动/系泊船舶响应方面的研究。

2.2.4 盲肠航道效应

盲肠航道效应机理主要内涵体现为：三峡升船机船厢在对接过程中，船厢一端与开敞的大江引航道联通，另一端受闸门封闭，使引航道与船厢限制水域之间形成水深较浅且狭长的盲肠航道(图 2-5)，这类盲肠航道效应严重影响船舶的操纵性、安全性和通过效率。

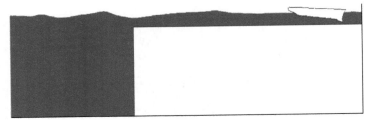

图 2-5　半封闭、半开敞的盲肠航道效应船舶响应示意图(高跌差水位)

盲肠航道效应旨在面向大水位变幅波动极端环境，结合有效处理盲肠航道效应波浪反射/消波问题，通过考虑航道一端开敞、一端封闭的系泊船舶运动响应，建立船厢盲肠航道-船舶系泊计算模型与试验模型，高效预报高跌差水位下船舶系泊运动响应(如纵摇、升沉等)，解决三峡升船机上游引航道限制水域本身固有的水动力问题(隶属于水流-船舶运动耦合前沿技术)。

引航道内高跌差水位生成、演化与发展，受三峡升船机船厢封闭端反射与叠加(沿反方向传播)，形成复杂往复流动，引起升船机封闭端水位变幅最大。与无高跌差水位相比(图 2-6)，高跌差水位波动极端效应下船厢盲肠航道-船舶系泊运

图 2-6　半封闭、半开敞的盲肠航道效应船舶运动响应示意图(静水状态)

动响应更复杂。进一步地，由于大型船舶进出船厢堵塞效应，船舶将水体推入船厢，迫使船首处水面壅高，且越靠近船厢封闭端，水面壅高值越大。

现有的文献收集与归纳表明，尚未见高跌差水位波动极端效应下船厢盲肠航道-船舶系泊运动响应的研究。

2.2.5　船间效应

面向引航道限制水域的船间效应旨在考虑船-船间距、连接方式、航道固壁边界层等多种因素的影响，结合计算流体力学前沿技术，通过建立多体数值水池，实现船与船之间水动力耦合效应，如超越、会遇、驳运等船舶航行过程，隶属于船舶水动力基础理论共性问题。

船间效应机理一般诠释为：两船间距较小，两船首尾流动相互耦合与叠加，引起两船间水流加速，迫使船舶周围流场发生明显变化，产生相互吸引力，显著影响船舶水动力性能。与开阔水域船间效应相比(图 2-7)，由于存在阻塞效应，限制水域船间效应更显著，理论分析与数值求解更复杂，严重影响船舶操纵性以及航向稳定性与安全性。

图 2-7　开阔水域并行船间效应架构示意图

总体来说，经过近年来的努力，开阔水域船间效应建模理论与数值方法在应用方面取得较大进展，仍处于持续发展阶段，诸多问题有待进一步深入研究与探讨，如对考虑限制水域岸壁效应影响的船间效应非线性运动预报(隶属于复杂多体、多尺度动边界气-液-固多相流问题)鲜有涉及。

为此，类似于浅水效应理论研究，本书引入并发展等效高跌差水位波动模型，结合相关试验，建立引航道限制水域船间效应水动力建模与数值方法。

表 2-1 为浅水效应和岸壁效应国内外研究现状与进展，涉及数学模型、多种湍流模型以及壁面函数技术等。其中，RANS(Reynolds averaged Navier-Stokes)表

示雷诺平均 Navier-Stokes；LES（large eddy simulation）表示大涡模拟。

表 2-1　浅水效应和岸壁效应国内外研究现状与进展

限制水域类型	数学模型	湍流模型	壁面处理	特点
岸壁效应	RANS	Realizable k-ε[2]	壁面函数	含旋转、大逆反压力梯度边界层，广泛应用于工程，计算量较小
		Standard k-ε[3]	壁面函数	
		RNG k-ε[4]	壁面函数	含复杂剪切流、漩涡边界层等
		SST k-ω[5-7]	低雷诺数模型	结合 k-ε 模型和 k-ω 模型，计算量较小
		SST k-ω[8-10]	壁面函数	计算量较小
	LES	盒式滤波[11]	壁面粗糙度模型	含不同尺度湍流漩涡边界层等
浅水效应	RANS	Realizable k-ε[12]	壁面函数	含分离流边界层
		RNG k-ε[13,14]	壁面函数	边界层含复杂分离流等
		SST k-ω[8,15,16]	低雷诺数模型	结合 k-ε 模型和 k-ω 模型，计算量较小
		SST k-ω[10]	壁面函数	计算量较小
	LES	抛物类混合长度模型[17]	各向异性分裂算子法	精细模拟小涡模型（大计算量）
		模拟大尺度涡旋[18]	壁面函数	中等雷诺数且几何较为简单

2.3　船舶进出船厢限制水域典型非线性运动

　　面向三峡升船机船舶进出船厢限制水域的水动力五大典型物理特征，针对三峡升船机船舶进出船厢典型水动力学问题，为精确捕捉浅水效应、岸壁效应、高跌差水位波动效应、盲肠航道效应、船间效应等，设计与规划三峡升船机船舶进出船厢典型四阶段（图 2-8），即引航道限制水域双船组合船舶机械牵引/电动助推阶段、船舶进出船厢阶段、船厢内船舶傍靠阶段、船厢盲肠航道船舶系泊阶段，获得相关数模与物模结果，形成考虑浅水/岸壁效应、高跌差水位波动/盲肠航道效应、船间效应影响的三峡升船机船舶进出船厢限制水域非线性水动力建模与理论数值方法，实现高效精确捕捉精细流场，突破传统限制水域浅水与岸壁效应建模理论与方法的局限性，为三峡升船机稳定高效运行、保证船舶进出船厢安全，提供新的理论、方法与技术手段。

　　图 2-9 以叉树形式诠释三峡升船机进出船厢限制水域船舶运动典型四阶段，由树根（如数学/物理模型、CFD、人工智能、大数据）、树干（典型四阶段与试验）、树枝（引航道船舶牵引阶段等）、树叶（高跌差水位波动效应）等构成。

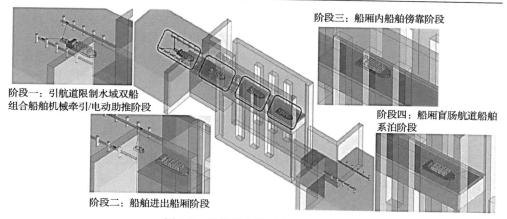

图 2-8　船舶进出船厢典型四阶段

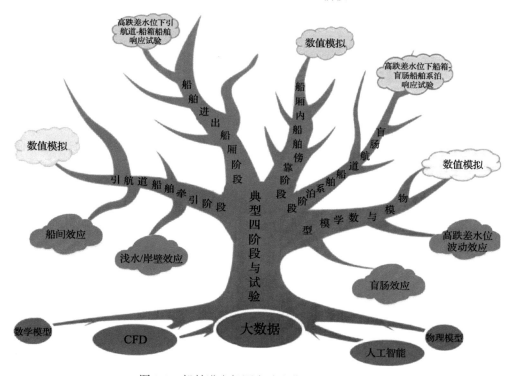

图 2-9　船舶进出船厢水动力典型四阶段叉树

三峡升船机船舶进出船厢典型四阶段具体描述如下。

（1）阶段一：考虑引航道限制水域双船组合船舶机械牵引/电动助推阶段，包含高跌差水位波动效应、岸壁效应、船间效应和盲肠航道效应等。

（2）阶段二：聚焦引航道船舶进厢阶段，包含高跌差水位波动效应和浅水效应。

（3）阶段三：涉及船厢内船舶傍靠阶段，包含岸壁效应和浅水效应。

（4）阶段四：描述船厢盲肠航道船舶系泊阶段，包含高跌差水位波动效应、岸壁效应、浅水效应和盲肠航道效应，涉及浅水边界层捕捉、岸壁阻塞效应捕捉、高跌差水力波等效模型、盲肠航道波浪反射/消波处理等若干关键技术，以及高跌差水位波动下考虑岸壁效应的非线性船-船运动耦合建模技术。

2.3.1　引航道船舶进厢

图 2-10 为高跌差水位波动下考虑浅水效应的引航道船舶进厢阶段结构架构，由引航道-船厢-船舶系泊系统构成。

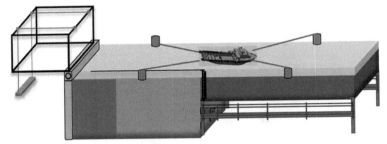

图 2-10　高跌差水位波动下考虑浅水效应的引航道-船厢-船舶系泊系统架构

不同于引航道限制水域双船组合船舶机械牵引/电动助推阶段，引航道进厢阶段聚焦单船水动力与运动性能研究。

同时，为精确捕捉高跌差水位波动效应、浅水效应，结合基于分区径向基函数（radial basis function，RBF）的多重网格预估-修正迭代加速技术、基于边界层机理的分区双数学模型、高跌差水位波动等效模型技术，通过开展引航道船舶进厢阶段水动力物模与数模研究（图 2-11），提出基于动态重叠网格的船舶进出船厢上/

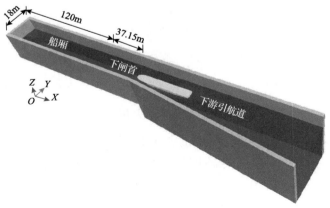

图 2-11　考虑浅水效应的引航道-船厢-船舶系泊运动响应架构

下引航道限制水域流场模拟计算方法，揭示高跌差水位波动下引航道-船厢-船舶系泊系统浅水效应机理，实现高效高精度船厢接口处的船舶下沉、纵倾响应预报，避免出现船舶触底、漩涡诱导船舶偏移过大等现象。

2.3.2　船厢内船舶傍靠

图 2-12 为船厢内船舶傍靠阶段水动力力学结构架构，包含参数优化斜坡假底装置。

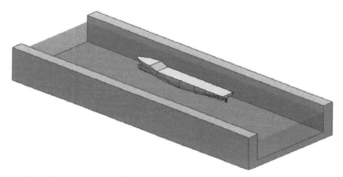

图 2-12　考虑浅水岸壁效应的船厢限制水域船舶傍靠架构

结合基于分区径向基函数的多重网格预估-修正迭代加速技术、分区双数学模型等，通过建立静水限制水域中船舶运动与流动耦合模型，提出基于动态重叠网格 CFD 技术的船厢限制水域非线性船舶运动与流动耦合计算方法，揭示船厢内船舶傍靠浅水效应、阻塞效应机理，实现船速、船舶运动响应实时预报，高效精确预报考虑浅水岸壁影响下的船舶纵向/横向阻力、转艏力矩等，并与现有相关国际标模及数模仿真进行比较。

2.3.3　盲肠航道船舶系泊

面对盲肠航道船舶系泊阶段受障碍物波浪反射/消波问题，为实现盲肠航道船舶系泊阶段船舶水动力物模与数模研究目标，精确捕捉高跌差水位波动效应、岸壁效应、浅水效应、盲肠航道效应，结合基于分区径向基函数的多重网格预估-修正迭代加速技术、基于边界层机理的分区双数学模型、高跌差水位波动等效模型技术，提出基于动态重叠网格 CFD 技术的船厢限制水域船舶非线性运动与流动耦合计算方法，揭示盲肠航道船舶系泊盲肠航道效应、浅水效应、阻塞效应机理，实现高跌差水位波动在船厢航道这一"盲肠"限制水域内生成与演化及发展，高效精确预估极端环境下船厢盲肠段船舶系泊波浪载荷与运动响应等。

例如，面对船厢盲肠航道船舶系泊阶段试验，结合立方体水池、系泊控制、六分力传感器等实验测量装置，开发研制 3D（三维）打印浪高仪结构装置、稳定溃坝舱门开启电机技术，通过优化玻璃水池、船模缩尺比，自主设计与研制考虑高跌差水位极端环境影响的高跌差水位波动下船厢盲肠航道-船舶系泊试验装置（图 2-13），为高效精确分析强非线性水动力建模与数值方法，提供可靠试验结果、方法与手段。

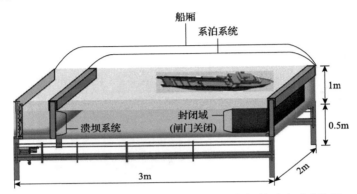

图 2-13　高跌差水位波动下船厢盲肠航道-船舶系泊试验装置

此外，结合三峡升船机船舶进出船厢限制水域上/下引航道及水位流量变化等特点，首先考虑船舶吃水范围，确定合理临界水深吃水比；其次，考虑不同环境参数如水深、船岸间距等；最后，基于 3σ 准则的限制水域水动力试验散布窄带图谱技术，开展系列船厢限制水域船舶系泊水动力试验技术研究（图 2-14）。

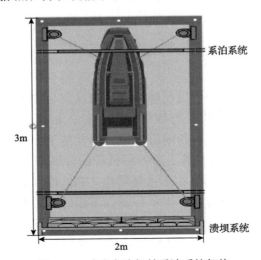

图 2-14　玻璃水池船舶系泊系统架构

2.3.4　引航道限制水域双船组合船舶机械牵引/电动助推

图 2-15 为引航道双船组合机械牵引/电动助推建模架构，由助推船-被助推船结合牵引抓钩构成，以出船厢为例设计力学模型。

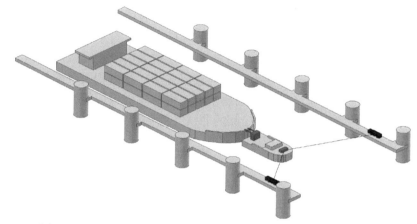

图 2-15　引航道船舶机械牵引/电动助推船-被助推船出厢结构架构

为精确高效捕捉高跌差水位波动效应、岸壁效应、船间效应、盲肠航道效应，依托引航道双船组合机械牵引/电动助推阶段建模框架(图 2-16)，结合基于分区径向基函数的多重网格预估-修正迭代加速技术、分区双数学模型、高跌差水位波动等效模型技术，通过构建引航道限制水域系泊船舶运动响应力学模型，实时预报船速、船舶运动响应等，以及高效高精度预报引航道限制水域系泊船舶运动响应(如纵倾、升沉等)，避免出现船舶触底、漩涡诱导船舶偏移过大等现象，实现引航道限制水域双船组合机械牵引/电动助推阶段船舶水动力物模与数模研究目标。

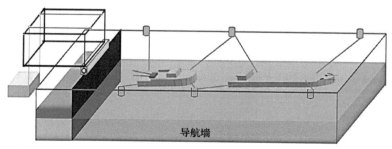

图 2-16　高跌差水位波动下考虑岸壁效应的导航墙-船-船系泊运动架构

2.4　小　　结

本章针对三峡升船机进出船厢船舶水动力面临非线性多物理场耦合问题，凝练与归纳了三峡升船机进出船厢限制水域船舶水动力所面临的五大特征，即浅水效应、岸壁效应、高跌差水位波动效应、盲肠航道效应和船间效应，规划了面向五大特征的进出船厢限制水域四阶段船舶非线性运动，自主设计试验装置，通过建立考虑浅水/岸壁效应、高跌差水位波动/盲肠航道效应及船间效应影响的进出船厢限制水域船舶非线性水动力建模理论与数值方法，获得相关数模与物模结果，实现高效精确捕捉精细流场，突破限制水域浅水与岸壁效应传统建模理论与方法的局限性，为后续三峡升船机进出船厢的非线性船舶高效精确预报提供技术支持。

参 考 文 献

[1] Vantorre M, Delefortrie G. Behaviour of ships approaching and leaving locks: Open model test data for validation purposes[C]. The 3rd International Conference on Ship Manoeuvring in Shallow and Confined Water: with Non-exclusive Focus on Ship Behaviour in Locks. Flanders Hydraulic Research, 2013: 1-16.

[2] 朱广春, 朱鹏飞, 艾万政, 等. 大型船舶浅水增阻和流场特性数值研究[J]. 浙江海洋大学学报（自然科学版）, 2021, 40（2）: 169-175.

[3] 胡方凡. 江海直达船浅水特性研究[D]. 武汉: 武汉理工大学, 2017.

[4] 周领. 升船机船厢对接过程波动特性三维数值模拟研究[D]. 重庆: 重庆交通大学, 2017.

[5] Meng Q J, Wan D C. URANS simulations of complex flows around a ship entering a lock with different speeds[J]. International Journal of Offshore and Polar Engineering, 2016, 26（2）: 161-168.

[6] 李忠收. 基于 CFD 的岸壁效应的数值模拟[D]. 大连: 大连海事大学, 2016.

[7] 刘明. 内河船舶岸壁效应的水动力过程研究[D]. 重庆: 重庆交通大学, 2016.

[8] 邹璐, 邹早建, 夏立, 等. 近岸航行邮轮水动力数值分析研究[J]. 中国造船, 2020, 61（z2）: 120-131.

[9] Elsherbiny K, Terziev M, Tezdogan T, et al. Numerical and experimental study on hydrodynamic performance of ships advancing through different canals[J]. Ocean Engineering, 2020, 195（1）: 106696.

[10] Terziev M, Tezdogan T, Incecik A. Application of eddy-viscosity turbulence models to problems in ship hydrodynamics[J]. Ships and Offshore Structures, 2020, 15（5）: 511-534.

[11] 杨帆, 张会强, 王希麟. 粗糙壁面湍流边界层流动和拟序结构的大涡模拟研究[J]. 工程热物理学报, 2008, 29（5）: 795-798.

[12] 冀楠, 杨春, 万德成, 等. 沿岸航行肥大型船舶的流场偏移特性研究[J]. 船舶工程, 2021, 43(7): 68-75.

[13] Wang H Z, Zou Z J. Numerical prediction of hydrodynamic forces on a ship passing through a lock with different configurations[J]. Journal of Hydrodynamics, Ser. B, 2014, 26(1): 1-9.

[14] 郭燚, 罗伟林, 刘凯. 计及浅水及岸壁效应的 KVLCC2 船体斜航运动水动力数值计算[J]. 福州大学学报(自然科学版), 2017, 45(3): 385-390.

[15] Toxopeus S L, Simonsen C D, Guilmineau E, et al. Investigation of water depth and basin wall effects on KVLCC2 in manoeuvring motion using viscous-flow calculations[J]. Journal of Marine Science and Technology, 2013, 18(4): 471-496.

[16] 洪碧光, 王鹏晖, 张秀凤, 等. 基于 CFD 的无压载水船型浅水中岸壁效应数值模拟[J]. 船海工程, 2017, 46(2): 6-11.

[17] 李志伟, 王佳鹤. 带自由表面浅水紊流运动的大涡模拟[C]. 第十三届全国水动力学研讨会, 北京, 1999: 325-331.

[18] 刘达, 廖华胜, 李连侠, 等. 浅水垫消力池的大涡模拟研究[J]. 四川大学学报(工程科学版), 2014, 46(5): 28-34.

第3章 船舶进出船厢限制水域的
水动力数学模型与数值方法

3.1 引　　言

CFD 理论与方法自 20 世纪 70 年代被提出就受到广泛关注，并持续丰富与发展，应用日趋广泛。早期升船机水动力研究普遍基于经验公式、势流模型，具有简单与高效的特点。鉴于三峡升船机进出船厢限制水域船舶水动力受五重特征效应制约，包括浅水效应、岸壁效应、高跌差水位波动效应、盲肠航道效应及船间效应，涉及多物理场非线性耦合。传统方法如经验公式面临难以确保结果精度和可靠性、势流模型难以预报局部黏性占优的船舶水动力性能、典型基于 RANS 数学模型的单一动态重叠网格技术难以高精度捕捉由浅水/岸壁效应引起的边界层分离和涡街分布规律等问题，严重制约三峡升船机进出船厢限制水域船舶水动力预报，从而影响三峡升船机船舶进出船厢航向的稳定性与安全性。

目前现有的 CFD 数学模型可大致概括为三大类，即直接数值模拟(direct numerical simulation，DNS)、大涡模拟(large eddy simulation，LES)及雷诺平均 Navier-Stokes 方程(Reynolds-averaged Navier-Stokes equations，RANS 方程)。其中，DNS 旨在求解完整三维非定常、不可压缩黏性流 Navier-Stokes 方程，一般适用于理论分析或简单边界规则流动问题(如明渠流)，精度最高(高精度捕捉湍流)；LES 方法引入低通滤波函数，将流体解耦为大尺度运动、小尺度脉动，大尺度涡直接模拟，小尺度涡采用湍流模型求解，目前趋势应用求解工程问题，精度次之；RANS 方法旨在直接求解时间平均量，脉动量引用湍流模型实施封闭求解，广泛应用于解决工程问题，精度最差。

在此基础上，目前一种趋势是结合 RANS 方法与 LES 方法，构建分离涡模拟(detached eddy simulation，DES)模型，具有充分吸收 RANS 方法(如边界层模拟取较大 y^+)与 LES 方法(捕捉非稳态分离区)的特点。该方法主要技术路线概括为：首先，整个计算域划分近场与远场；其次，近壁区引入 RANS 模型，采用较大网格，提升计算效率，同时避免近壁区因强剪切应力引起 LES 模拟不准确；最后，远场采用 LES，精确模拟湍流瞬间流动。

不同于典型 RANS 数学模型单一动态重叠网格技术、分离涡模拟技术，鉴于近岸浅水效应精确捕捉高度取决于边界层精细化结构，结合整体计算域 RANS 模型预估，引入分区理念(边界规则域采用 DNS 数学模型)，通过开发分区径向基函数技术，提出并发展基于分区径向基函数的多重网格预估-修正迭代加速技术(初始网格预估-中间网格修正、中间网格预估-最终网格修正，获得迭代收敛解)，创建基于边界层机理的分区分域 RANS/DNS 切换双数学模型，形成基于分区径向基函数技术的分域双数学模型 RANS-DNS-RANS 方法(图 3-1)，显著减少整体网格的数量，提升计算效率，尤其降低数值方法对物面网格尺度的依赖，揭示边界层影响与涡街分布规律，突破传统壁面函数技术捕捉浅水、岸壁效应方法，解决单一网格传统技术耗时长、效率低的瓶颈难点，高效高精度预报进出船厢限制水域船舶阻力、转艏力矩等，实现三峡升船机船舶进出船厢限制水域船舶非线性运动高精度快速预报。

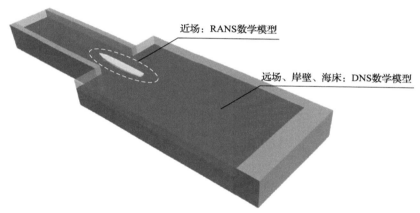

图 3-1　船模分区分域双数学模型力学架构示意图

3.2　船舶进出船厢限制水域数学建模

分析归纳与总结不同场景水动力力学建模，现有三类数学模型如 DNS、LES、RANS 获得广泛应用与发展。鉴于近岸浅水效应精确捕捉高度取决于边界层精细化结构，结合含船体附近流动的初始预估解，引入高精度直接数值模拟法或精度次之大涡模拟技术，应用于边界规则流体求解域，实现精确捕捉边界层影响与涡街分布规律，突破传统完全基于 RANS 模型的壁面函数技术捕捉浅水/岸壁效应方法。

下面简单扼要描述 DNS 数学模型、LES 数学模型、RANS 数学模型。

3.2.1　直接数值模拟流体控制方程

理论上，DNS 湍流模式包含连续方程和动量守恒方程，即

$$\frac{\partial u_i}{\partial x_i} = 0$$
$$\frac{\partial u_i}{\partial t} + \frac{\partial u_j u_i}{\partial x_j} = -\frac{1}{\rho}\frac{\partial p}{\partial x_i} + \frac{\partial \sigma_{ij}}{\partial x_i} \tag{3-1}$$

式中，$u_i(i=1,2,3)$ 为流体速度；p 为流体压力；ρ 为流体密度；σ_{ij} 为流体雷诺应力，表示为 $\sigma_{ij} = \mu\left(\dfrac{\partial u_i}{\partial x_j} + \dfrac{\partial u_j}{\partial x_i}\right)$，$\mu$ 为流体运动黏性系数。

3.2.2　大涡模拟流体控制方程

引入亚格子湍流模型，LES 方法引入 Favre 平均滤波技术，包含连续方程和动量守恒方程，即

$$\frac{\partial \tilde{u}_i}{\partial x_i} = 0$$
$$\frac{\partial \tilde{u}_i}{\partial t} + \frac{\partial \tilde{u}_j \tilde{u}_i}{\partial x_j} = -\frac{1}{\rho}\frac{\partial \tilde{p}}{\partial x_i} + \frac{\partial (\tilde{\sigma}_{ij} + \tilde{\tau}_{ij})}{\partial x_i} \tag{3-2}$$

式中，上标"~"表示滤波；格子雷诺应力 $\tilde{\tau}_{ij}$ 表示为 $\tilde{\tau}_{ij} = \widetilde{u_i u_j} - \tilde{u}_i \tilde{u}_j$。

3.2.3　雷诺平均 Navier-Stokes 流体控制方程

引入湍流模型，三维非定常、不可压缩黏性流体 RANS 模型包含连续方程和动量守恒方程，即

$$\frac{\partial u_i}{\partial x_i} = 0$$
$$\frac{\partial u_i}{\partial t} + \frac{\partial u_j u_i}{\partial x_j} = -\frac{1}{\rho}\frac{\partial p}{\partial x_i} + \mu\frac{\partial}{\partial x_j}\left(\frac{\partial u_i}{\partial x_j} - \overline{u_i' u_j'}\right) \tag{3-3}$$

式中，u_i 为时均速度沿 i 坐标轴上的分量；p 为压力；ρ 为密度；t 为时间。

式(3-1)～式(3-3)均可结合如下形式的代数类流体体积分数(volume of fraction，VOF)方程，求解含自由液面流动问题。

$$\frac{\partial \alpha}{\partial t} + \frac{\partial u_i \alpha}{\partial x_i} = 0 \tag{3-4}$$

式中，α 为流体体积分数。

为求解雷诺应力张量 $-\rho \overline{u_i' u_j'}$，依据 Boussinesq 涡黏性系数假定，构建含不可压缩流雷诺应力张量的流体平均速度梯度关系式：

$$-\rho \overline{u_i' u_j'} = \mu_t \left(\frac{\partial u_i}{\partial x_j} + \frac{\partial u_j}{\partial x_i} \right) \tag{3-5}$$

式中，μ_t 为湍动黏性系数。

计算中一般采用两方程模型，如 Re-normalization group k-epsilon 模型（简称 RNG 模型）/Realizable k-ε 模型（简称 k-ε 模型）、剪切应力输运（shear stress transport，SST）k-omega 模型（简称 SST k-ω 模型），应用于求解湍流动能 k 输运方程和湍流耗散率 ε 输运方程。其中，两方程模型差异主要体现在源项普朗特数 σ_k 与 σ_ε、生成项与耗散项不同。本书简单介绍 Realizable k-ε 模型和 SST k-ω 模型。

1）Realizable k-ε 模型

对于可实现的 Realizable k-ε 两层湍流模型，湍流动能和湍流耗散率输运方程表达式为

$$\begin{aligned}
\frac{\partial (\rho k)}{\partial t} + \frac{\partial (\rho k u_i)}{\partial x_i} &= \frac{\partial}{\partial x_j} \left[\left(\mu + \frac{\mu_t}{\sigma_k} \right) \frac{\partial k}{\partial x_j} \right] + G_k - \rho \\
\frac{\partial (\rho \varepsilon)}{\partial t} + \frac{\partial (\rho \varepsilon u_i)}{\partial x_i} &= \frac{\partial}{\partial x_j} \left[\left(\mu + \frac{\mu_t}{\sigma_\varepsilon} \right) \frac{\partial \varepsilon}{\partial x_j} \right] + \rho C_1 E \varepsilon - \rho C_2 \frac{\varepsilon^2}{k + \sqrt{\mu \varepsilon}}
\end{aligned} \tag{3-6}$$

式中，u_i 为时均速度；μ 为流体运动黏性系数；$(\sigma_k, \sigma_\varepsilon, C_1, C_2)$ 为湍流模型系数。(S_k, S_ε) 由用户自定义给出，$(P_k, P_\varepsilon, f_2)$ 由式（3-7）定义，即

$$P_k = f_c G_k + G_b + \gamma_M, \qquad P_\varepsilon = f_c S k + C_{\varepsilon 3} G_b, \qquad f_2 = \frac{k}{k + \sqrt{\mu \varepsilon}} \tag{3-7}$$

式中，$C_{\varepsilon 3}$ 为湍流模型系数；G_k 为由层流速度梯度引起的湍流动能；G_b 为由浮力产生的湍流动能；γ_M 为可压缩流过度扩散导致的波动。

$$C_1 = \max \left(0.43, \frac{\eta}{\eta + 5} \right), \quad \eta = (2 E_{ij} E_{ij})^{1/2} \frac{k}{\varepsilon}, \quad E_{ij} = \frac{1}{2} \left(\frac{\partial u_i}{\partial x_j} + \frac{\partial u_j}{\partial x_i} \right) \tag{3-8}$$

模型常数取值为

$$\sigma_k = 1.0, \quad \sigma_\varepsilon = 1.2, \quad C_2 = 1.9 \tag{3-9}$$

分析表明,引入旋转角速度(ω_k)、流体时均转动速率张量($\overline{\Omega}_{ij}$),Realizable k-ε模型考虑了流体旋转现象,避免ε方程最后一项出现奇异性(若$k=0$)。

2)SST k-ω模型

SST k-ω模型的基本理念为:引入修正剪切应力模型常数项,结合增加剪切应力传输项,通过构建混合函数光滑过渡域,近壁处采用标准k-ω模型、远场采用变形k-ω模型。与标准k-ω模型相比,引入自定义源项(S_k, S_ω),修正相应系数。

湍流动能和湍流涡旋转率输运方程分别为

$$\begin{aligned} \frac{\partial(\rho k)}{\partial t} + \frac{\partial(\rho k u_i)}{\partial x_i} &= \frac{\partial}{\partial x_j}\left(\Gamma_k \frac{\partial k}{\partial x_j}\right) + \widetilde{G}_k - Y_k + S_k \\ \frac{\partial(\rho\omega)}{\partial t} + \frac{\partial(\rho\omega u_i)}{\partial x_i} &= \frac{\partial}{\partial x_j}\left(\Gamma_\omega \frac{\partial\omega}{\partial x_j}\right) + G_\omega - Y_\omega + S_\omega \end{aligned} \tag{3-10}$$

式中,$\widetilde{G}_k$为由平均速度引起的湍流动能k的产生项;G_ω为由ω产生的湍流动能;$(Y_k, Y_\omega, \Gamma_k, \Gamma_\omega)$分别为$(k, \omega)$中湍动耗散项和有效扩散项;$(S_k, S_\omega)$为引入的自定义源项。

有效扩散项表达式为

$$\Gamma_k = \mu + \frac{\mu_t}{\sigma_k}, \quad \Gamma_\omega = \mu + \frac{\mu_t}{\sigma_\omega} \tag{3-11}$$

式中,$(\sigma_k, \sigma_\omega)$为两方程模型湍流普朗特常数。

$\widetilde{G}_k$表达式为

$$\widetilde{G}_k = \min(G_k, 10\rho\beta^* k\omega) \tag{3-12}$$

式中,β^*为修正系数。

$(Y_k, Y_\omega, G_k, G_\omega)$分别表示为

$$Y_k = \rho\beta^* k\omega, \quad Y_\omega = \rho\beta k\omega^2, \quad G_k = -\rho\overline{u_i' u_j'}\frac{\partial u_j}{\partial x_i}, \quad G_\omega = \alpha\frac{\omega}{k}G_k \tag{3-13}$$

式中,α为低雷诺数修正的湍流黏性阻尼相关系数;β为修正系数。

3.2.4　壁面函数模型

　　针对固体壁面充分发展湍流运动问题，小马赫数下附面层内流体流动呈不可压缩流特性，湍流流动受固体壁面约束影响显著，因此沿壁面法向距离方向将流动划分为壁面区、核心区。其中，壁面附面层人为划分三个区域，即黏性底层、过渡区域和对数律区。

　　理论上，以流体层为元素的黏性底层，其靠近壁面、厚度薄，且呈现层流流动状态，黏性占主导作用，平均速度仅取决于流体密度、黏度、壁面距离和壁面剪应力。与黏性底层流动相比，过渡区域流体黏性、切应力联合效应，致使过渡层中的流动更复杂，层流将转换为湍流。随着雷诺数递增，对数层厚度持续变化，受黏性、湍流联合效应。例如，无逆压梯度平板流动呈现准平衡附面层，对数区域内流动将形式表征若干规律性：流速近似遵循对数分布，与具体流动问题无关，确保以解析形式重构流动模块。与此同时，对数区域外流体充分发展，形成完全湍流流体流动核心区。

　　为此，不同于黏性底层第一层网格设置(如近壁面区内布置足够网格，以低雷诺数模型直接处理流体流动)，引入壁面函数模型，使第一层网格直接分布于对数律区，通过无滑移模式重构近壁面，求解壁面附近流体流动状态，可有效减少整体网格数量，显著提升计算效率，并降低数值方法对物面网格尺度的依赖，实现高效确定壁面剪应力，确保对湍流物面边界条件实施修正，在实际工程问题中获得广泛应用。目前壁面函数模型技术面临的挑战是"以附面层内无分离流为基本假设的壁面函数模型"，在求解非定常漩涡主导流动问题中，需进一步深入研究近壁面附近捕捉分离流动特性机理。

　　鉴于近壁面处黏性效应显著，以壁面函数(半经验公式)近似近壁面区域流体流动，结合壁面函数技术，通过建立近壁附近(近场)、核心域(外场)变量之间的关系，形成基于边界层理论的半经验、半理论壁面函数模型，即

$$y^+ = u^+ - \left[1 + \kappa u^+ + \frac{(\kappa u^+)^2}{2} + \frac{(\kappa u^+)^3}{6}\right] e^{-\kappa B} \qquad (3-14)$$

式中，y^+、u^+ 分别为无量纲边界层厚度和边界层内速度，表达式为

$$u^+ = \frac{v_t}{u_\tau}, \quad y^+ = \frac{\rho_w u_\tau y}{\mu_w} = d \frac{\sqrt{\rho_w \tau_w}}{\mu_w} = d \left[\frac{\rho_w |\nabla \times V|}{\mu_w}\right]^{1/2} \qquad (3-15)$$

式中，v_t 为切向速度大小；d 为物面网格单元中心离壁面法向的距离；ρ_w 为流体密度；μ_w 为壁面层流黏性系数。壁面函数模型中，壁面剪应力 τ_w 与壁面摩擦速

度 u_τ 的关系为 $u_\tau = (\tau_w / \rho_w)^{1/2}$。

3.2.5　六自由度运动的重叠网格技术

为精确捕捉复杂物体在流体域中的运动，引入动态重叠网格技术，结合线性插值、最小二乘插值等方法，通过对流体域中不同区域嵌入结构体重构网格，确保每个物体网格生成质量及网格间重叠覆盖域结构，实现网格间的信息传递，生成复杂结构体网格，广泛应用于解决复杂流场域中物体六自由度运动问题。船舶流动与运动方程耦合求解结构框架如图 3-2 所示。

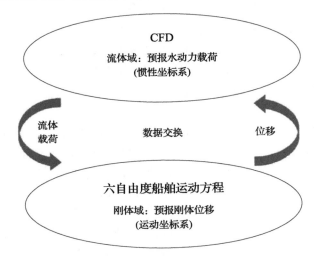

图 3-2　船舶流动与运动方程耦合求解结构框架

重叠网格技术主要步骤为：引入分区理念，将流场网格域划分为重叠域、背景域，结合二阶精度梯形法，通过重叠网格实现船体的旋转和移动，求解船舶六自由度运动方程。其中，重叠域中包含结构体面网格和体网格生成；背景域中包含全域网格，重叠网格部分尺寸接近一致(确保插值稳定性)。

为简洁表达船舶运动六自由度，在流场中引入两个坐标系，即以地面为参考的固定坐标系(惯性坐标系)和固结于船体重心随船体运动的随体坐标系(非惯性坐标系)，随体坐标系原点为船舶重心，初始方向与固定坐标系相同。

固定坐标系和随体坐标系转换关系表示为

$$
\begin{bmatrix} u \\ v \\ w \end{bmatrix} = \begin{bmatrix} \cos\psi\cos\theta & \sin\psi\cos\theta & -\sin\theta \\ -\sin\psi\cos\phi + \sin\phi\sin\theta\cos\psi & \sin\phi\sin\theta\sin\psi + \cos\phi\cos\psi & \sin\phi\cos\theta \\ \sin\theta\sin\psi + \cos\phi\sin\theta\cos\psi & \cos\phi\sin\theta\sin\psi + \sin\phi\cos\psi & \cos\phi\cos\theta \end{bmatrix} \begin{bmatrix} \dot{x} \\ \dot{y} \\ \dot{z} \end{bmatrix}
$$

$$(3\text{-}16)$$

$$\begin{bmatrix} p \\ q \\ r \end{bmatrix} = \begin{bmatrix} 1 & 0 & -\sin\theta \\ 0 & \cos\phi & \sin\phi\cos\theta \\ 0 & -\sin\phi & \cos\phi\cos\theta \end{bmatrix} \begin{bmatrix} \dot{\phi} \\ \dot{\theta} \\ \dot{\psi} \end{bmatrix} \tag{3-17}$$

式中，(u,v,w) 为随体坐标系下的线速度；(p,q,r) 为随体坐标系下的角速度；(x,y,z) 为大地坐标系下的位置坐标；(ϕ,θ,ψ) 为大地坐标系下的欧拉角。

船模转动惯量关系式为

$$I = \begin{bmatrix} I_x & 0 & 0 \\ 0 & I_y & 0 \\ 0 & 0 & I_z \end{bmatrix} = \begin{bmatrix} mr_{g,x}^2 & 0 & 0 \\ 0 & mr_{g,y}^2 & 0 \\ 0 & 0 & mr_{g,z}^2 \end{bmatrix} \tag{3-18}$$

式中，$(mr_{g,x}^2, mr_{g,y}^2, mr_{g,z}^2)$ 分别为 (x,y,z) 方向的转动惯量半径。

为获得船模在大地坐标系下的六自由度船舶运动响应，如沿三坐标轴移动 3 个平移自由度、绕三坐标轴旋转 3 个旋转自由度(图 3-3)，结合固定坐标系和随体坐标系的转换关系(式(3-16))，求解随体坐标系下船模六自由度运动方程，即

$$\begin{aligned} m(\dot{u} - vr + wq) &= X \\ m(\dot{v} - wp + ur) &= Y \\ m(\dot{w} - uq + vp) &= Z \\ I_x\dot{p} + (I_z - I_y)qr &= K \\ I_y\dot{q} + (I_x - I_z)rp &= M \\ I_z\dot{r} + (I_y - I_x)pq &= N \end{aligned} \tag{3-19}$$

式中，(X,Y,Z,K,M,N) 分别为船模纵荡力、横荡力、垂荡力、横摇力矩、纵摇力矩、艏摇力矩；$(\dot{u},\dot{v},\dot{w})$ 为线加速度；$(\dot{p},\dot{q},\dot{r})$ 为角加速度。

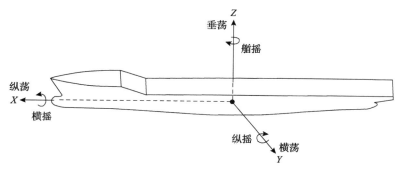

图 3-3　船舶六自由度空间运动示意图

在此基础上，以有限体积法离散流体运动控制方程，以中心差分法处理线性

扩散项，以二阶迎风格式处理非线性对流项(如动量方程、动能方程、湍流耗散率方程等)，以 SIMPLE 算法进行压力与速度耦合迭代效应，实现流体控制方程求解。同时，以龙格-库塔法求解瞬态船舶运动方程。

3.2.6　分区分域 RANS-DNS/LES-RANS 切换双数学模型

为精确捕捉受固壁约束高度剪切湍流(如岸壁浅水效应边界层影响)，揭示三峡升船机进出船舶浅水岸壁限制水域影响的水动力机理，面向近岸浅水效应的边界层精细结构，DNS 方法可高效精确捕捉转捩线性范围流动，LES 方法可有效近似模拟转捩非线性、全湍流域，RANS 方法简单、高效，通过开发分区径向基函数插值技术，提出并发展基于分区径向基函数的多重网格预估-修正迭代加速技术。进一步地，创建基于分区径向基函数的分域双数学模型 RANS-DNS-RANS 方法(或 RANS-LES-RANS 方法)的分区分域双数学模型。

与典型 RANS 数学模型单一动态重叠网格技术、DES 技术相比，通过发展基于分区径向基函数的多重网格预估-修正迭代加速技术，建立分域 RANS/DNS(或 RANS/LES)切换双数学模型，确保边界层精细化建模，显著提高计算效率，揭示边界层影响与涡街分布规律，高效高精度预报进出船厢限制水域船舶阻力、转艏力矩、运动响应与姿态、船舶下沉与盲肠效应等，突破传统壁面函数技术捕捉浅水、岸壁效应方法，解决单一网格传统技术耗时长、效率低等瓶颈难点，实现三峡升船机船舶进出船厢限制水域船舶非线性运动高精度快速预报。

分区分域双数学模型 RANS-DNS-RANS 方法(或 RANS-LES-RANS 方法)的技术路线(图 3-4)是，依据 RANS/DNS(或 RANS/LES)数学模型，采用预估-修正-

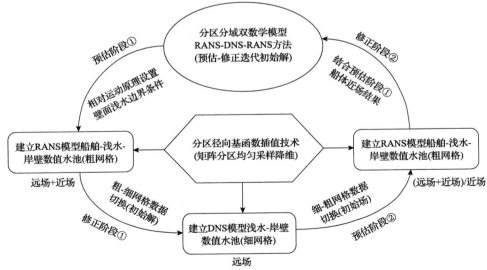

图 3-4　分区分域双数学模型 RANS-DNS-RANS 方法技术路线框架

再预估/再修正技术，结合分区径向基函数技术，在三个计算域(两个相同，一个小计算域)开展限制水域浅水、岸壁边界层精细化建模与模拟。

　　以船厢内船舶傍靠为例，首先，在整个计算域采用 RANS 模型/DNS 模型(LES 模型)实施预估/修正(图 3-5)；其次，采用 DNS 模型/LES 模型在分区域实施修正(图 3-6)；最后，在整个计算域，采用 RANS 模型实施再预估/再修正(图 3-7)。

图 3-5　绕船模-浅水-岸壁 RANS 数值水池架构(预估阶段：整个计算域)

图 3-6　浅水-岸壁 DNS 模型/LES 模型数值水池架构(修正阶段：分区计算域)

图 3-7　浅水-岸壁 RANS 模型数值水池架构(再预估/再修正：整个计算域)

3.3　基于分区径向基函数的多重网格迭代加速技术

　　为解决非迭代初始解单一网格传统技术耗时长、效率低的瓶颈难点，实现高效精确捕捉精细流场，突破传统径向基函数技术由满秩矩阵导致的低效率难点与瓶颈，引入分区指示函数，结合矩阵分区均匀采样降维技术等，依据径向基函数，通过发展预估-修正迭代初始解技术、分区径向基函数插值技术，提出基于分区径向基函数的多重网格预估-修正迭代加速技术。该技术先对初始网格进行预估-中间修正，然后对中间网格进行预估-最终网格修正，最终获得迭代收敛解(图 3-8)。

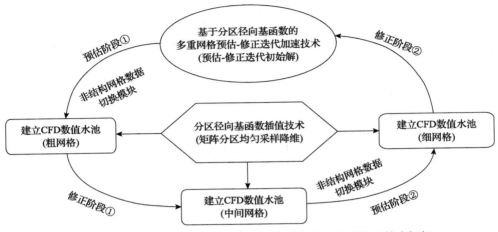

图 3-8　基于分区径向基函数的多重网格预估-修正迭代加速技术框架

3.3.1　分区径向基函数

　　径向基函数用于表述一类径向函数集所构成的函数空间,数学上仅依赖欧氏距离函数 $\{\Phi(x-x_j)\}$。鉴于该函数线性无关(由于区间样本点彼此不重复)且构成空间子域一组基,若区间 $\{x_j\}$ 近似填满定义域,通过 $\{\Phi(x-x_j)\}$ 线性组合,实现对任意函数的完全逼近[1],适用于插值与拟合大量无规则分布散乱点,以及复杂曲面拟合重构等,局限性面临由满秩矩阵引起的求解效率显著降低等严峻挑战。

　　自径向基函数理论与方法提出,就受到广泛关注并持续丰富与发展,应用日趋广泛。依据支撑域范围,现有的径向基函数可大致概括为两大类:全域径向基函数(global radial basis function,Global-RBF)、正定紧支径向基函数(compactly supported radial basis function,CS-RBF)。其中,正定紧支径向基函数旨在引入紧支域半径,通过拟合给定任意连续条件下多维空间散乱分布点,确保径向函数在多维空间中系数矩阵正定且满足给定连续性条件,适用于大规模插值计算问题[2]。与全域径向基函数(大支撑域,满秩矩阵)不同,正定紧支径向基函数矩阵呈带状分布稀疏矩阵,求解效率更高。

　　鉴于黏性流场百万级网格具有大数据($10^5\sim10^8$ 量级范围)、呈现非规则数据结构以及局部区域网格节点高密度等特点,尤其预估网格切换修正网格数据传递中,引起数据传递效率显著降低。为此,在经典全域径向基函数的基础上,引入分区指示函数,设置每个子区域加权函数(各子区域间光滑混合函数),结合规定指定采样途径，开发分解全局插值域模，如构成系列规模小且各自独立的子域，结合发展分区径向基函数插值技术，通过叠加加权局部解，获得精确全局插值解，实现全局插值域解耦分区系列局部插值域，显著减少全域插值计算时间，提升方程组求解效率，高效精确求解切换系数或权系数线性方程组，适用于三维网格空间的物理场数据传递、流-固耦合界面网格单元间压力/位移映射过程。

首先，在全域径向基函数框架下构建分区径向基函数插值数学模型。

对于高维空间函数 $f(x)$，全域径向基函数插值一般形式为

$$f(x) = \sum_{i=1}^{n} \lambda_i \Phi(\|x - x_i\|) + p(x) \tag{3-20}$$

式中，$\Phi(x)$ 为径向基函数（$x \in \mathbf{R}$ 定义域）；λ_i 为待求加权系数；模 $\|x - x_i\|$ 为插值点 x 至被插值点 x_i 的欧几里得距离；n 为插值点样本个数；$p(x)$ 为线性低阶多项式。

其次，假设黏性模拟网格节点等效均匀点云（综合考虑计算稳定性、数据量大小、数据结构复杂度等方面），引入均匀采样技术，对初始网格数据分区、降维，确保求解矩阵插值算法的效率。以预估网格初始-分区-降维过程的二维数据结构为例（图 3-9），简单扼要阐述均匀采样法。

（1）若预估网格 M 含 n 个节点（图 3-9(a)），采用均匀采样法，每隔分区数 k 取一个点，构建子插值域 $M^{(1)}$，形成均匀排列数据结构（类似船体面网格数据结构），建立样本点 $M^{(1)}$ 和 M 的一一对应关系，即

$$m_i(x, y, z) = n_{i+(i-1)k}(x, y, z) \tag{3-21}$$

（2）对样本点 m 构建子插值域 $M^{(1)}$ 径向基函数，插值解定义为 $S^{(1)}$。

（3）多次运用均匀采样法（如 L 次），通过进一步降维形成更低维的径向基函数子插值域，插值解定义为系列 $S^{(2)}$，$S^{(3)}$，$\cdots$，$S^{(L)}$。

（4）通过对所有插值解进行平均，最终得到插值解 $S^{(*)} = (S^{(1)} + S^{(2)} + \cdots + S^{(L)}) / L$。

（5）构建分区径向基函数插值数学解析式，即

$$f(x) = \sum_{k=1}^{L} S_k(x) = \sum_{k=1}^{L} \left[\sum_{i=1}^{m} \lambda_i \Phi(\|x - x_i\|) + p(x) \right]_k \tag{3-22}$$

式中，k 为分区域数；L 为均匀采样次数；m 为子区域中流体节点个数，表示为

$m = \lceil n / k \rceil$。

根据径向基函数理论，已知点集合 x 构成的矩阵表示为

$$A_{\Phi} = \begin{bmatrix} \Phi(r_{11}) & \cdots & \Phi(r_{1m}) \\ \vdots & & \vdots \\ \Phi(r_{m1}) & \cdots & \Phi(r_{mm}) \end{bmatrix} \tag{3-23}$$

径向基函数误差估计为

$$\left| \hat{f}_n - f \right| \leqslant Ch\|f\|_{\Phi}, \quad h = \sup_{x \in \Omega} \min_{x_j \in X} \|x - x_j\| \tag{3-24}$$

式中，C 为常数；$\|f\|_{\Phi}$ 为函数在空间中的范数；h 为插值点分布的填充距离。

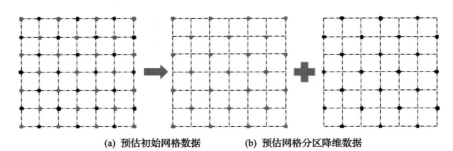

(a) 预估初始网格数据   **(b)** 预估网格分区降维数据

图 3-9 基于均匀采样法的预估网格初始-分区-降维结构架构（分区数 2）

不同于正定紧支径向基函数技术（引入紧支域半径，基函数矩阵呈带状分布稀疏矩阵），分区径向基函数技术引入分区指示函数，结合每个子区域加权函数，构成系列规模小且各自独立的子域，通过叠加获得散乱数据拟合与插值；与全域径向基函数相比（大支撑域，满秩矩阵），分区径向基函数可显著提升效率，是一种处理数据行之有效的策略。

3.3.2 应用算例验证

以三维曲面插值、均匀流场中弹性平板界面插值两种算例，验证分区径向基函数插值技术的可行性、效率与精度。

1）三维曲面插值

针对三维非结构网格界面数据传递问题，为验证基于分区径向基函数插值技术的精度，首先构造一个具有理论解的物理函数，假定耦合界面上的压力场由以下解析式表达：

$$P(x,y,z) = 3 \times \left\{ 1 + \cos\left[(x-1.0) \times \pi\right] \right\} \times \left[1 + \cos(y\pi)\right] \times \left\{ 1 + \cos\left[(z-0.5) \times \pi\right] \right\} + 0.5$$

$$(3\text{-}25)$$

同时，三维插值界面计算域如图 3-10 所示，已知域和未知域网格均为非结构网格，计算域分布为 $x \in [0,2]$，$y \in [-0.5,0.5]$，$z \in [0,0.5]$。

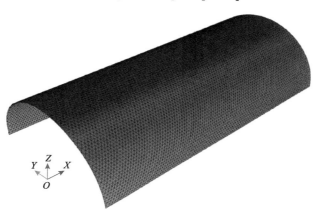

图 3-10　固-液耦合界面网格结构示意图

已知域网格节点数为 7920，未知域节点数为 1020，采用分区径向基函数插值方法选择 7 个验证组（分区数分别为 3、6、12、18、24、30、36）。根据已设置的压力场解析式，可求得流体界面、结构界面各网格节点的压力解析解 (p_f, p_s)，通过数据传递模型，可预估结构节点的压力解析解 p_{RBF}。同时，以相对误差比较各结构节点的计算值和解析解。通过计算，不同分区数下分区径向基函数插值平均误差分布如图 3-11 所示。

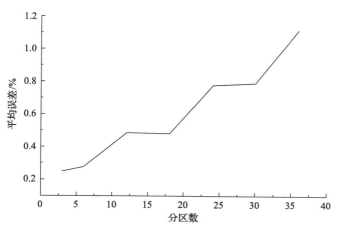

图 3-11　不同分区数下分区径向基函数插值平均误差分布

数据结果表明，随着分区数增加，平均误差增大而计算时间显著减少；对于三维曲面，若分区数不大于18，则平均误差可控制在0.5%以内，若分区数不大于36，则平均误差可控制在1%以内。因此，鉴于实际工程流体域模拟网格密度极大，在满足精度要求的前提下(不同精度可选择不同分区数)，以分区径向基函数插值方法进行数据传递，可显著提升效率。

2)均匀流场中弹性平板界面插值

针对均匀流场中弹性平板流-固耦合问题，为精确捕捉固体表面边界层，理论上流体网格节点数远大于固体网格节点数，尤其数据结构呈现不规则性。为此，采用分区径向基函数插值技术，切换流-固耦合界面上不同拉格朗日质点数据(图3-12)，实现流体与固体耦合。

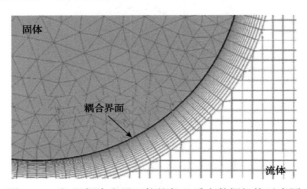

图3-12　流-固耦合交界面拉格朗日质点数据切换示意图

分区径向基函数插值技术的主要步骤概括如下：

(1)生成流体网格，采用CFD重叠网格技术模拟液体域流动，输出固体表面每个单元节点的流场压力。

(2)构建固体域网格，输出固体表面网格节点数据矩阵(作为待插值点)。

(3)通过提前规定流体网格分区子区域数，确保流体网格大矩阵分解为多个小矩阵，结合流体网格和结构网格，以分区径向基函数插值技术确定待插值点上的压力(固体表面网格单元节点)。

(4)输入固体表面每个单元节点的压力，采用有限元求解器计算结构位移等信息。

以考虑均匀流场中弹性平板为研究对象，平板底端固结水池底部(类似悬臂梁结构)，通过构建数值水池，模拟10m/s空气流速下底部固定的弹性平板。在流体求解器中，定义固体平板周围的流体域，获得黏性流场(如速度、压力场)，结合分区径向基函数插值技术(如子区域个数设置为12)，将压力载荷传递给平板结构有限元网格单元。与此同时，在固体求解器中定义平板属性，求解固体几何结构表面变形。

　　例如，采用商业分析软件协同仿真引擎 SIMULIA（功能强大的有限元软件），结合双向耦合途径，模拟均匀气来流冲击下弹性平板变形，以获得弹性平板顶端位移时间历程曲线（以下简称时历曲线，如图 3-13 所示，0.12s 对应弹性平板最大变形位移），作为结果比较基准。

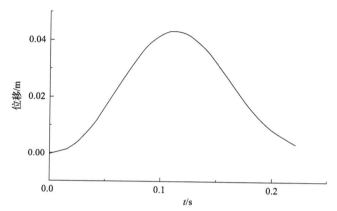

图 3-13　均匀气来流中弹性平板顶端位移时历曲线模拟

　　采用 CFD/CSD（computational structural dynamics）求解器，通过二次开发（嵌入分区径向基函数插值模块），结合双向耦合迭代，获得对应同一时刻的弹性平板变形流场（图 3-14（a）），同时采用分区径向基函数插值技术（如子区域取 4、8、12 分区数），获得均匀气来流中弹性平板结构变形（图 3-14（b））。

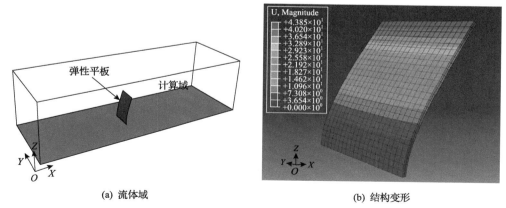

(a) 流体域　　　　　　　　　　　　　(b) 结构变形

图 3-14　均匀气来流中弹性平板流体域与结构变形计算（对应最大变形）

　　弹性平板的气流受载荷大变形模拟分析表明，与商业软件 SIMULIA 相比，采用 CFD/CSD 求解器的数据交换模型，计算结果与 SIMULIA 仿真十分吻合（表 3-1），弹性平板顶端最大位移误差不高于 3%，验证了分区径向基函数插值技术在求解黏性水弹性问题时的可行性和精度，实现了流场数据高效精确映射迭代；引入分区技术，显著提高数据切换插值效率(在维持插值精度下)；对三个分区数不确定性进行分析，不同分区数对结果影响较小；随着分区数增多，数据转换插值时间逐渐缩短。

表 3-1　均匀气来流中弹性平板顶端最大位移比较

双向耦合方法	分区数	最大位移/mm
SIMULIA (商业软件)	无分区	42.60
分区径向基函数插值技术 (CFD/CSD 求解器)	4	43.85
	8	43.87
	12	43.75

3.3.3　多重网格迭代加速技术

为实现精细流场捕捉与船舶运动快速预报，引入瀑布式多重网格方法理念，结合分区径向基函数插值技术，通过预估、修正/再修正阶段分解模拟，以粗网格模拟作为初始预估解，以细网格修正初始预估解，提出基于分区径向基函数的多重网格预估-修正迭代加速技术，避免出现粗网格模拟误差过大、细网格计算效率显著降低等问题。

图 3-15 展示了以预估阶段、分区径向基函数插值与修正阶段为核心的多重网格预估-修正迭代加速技术。该技术主要步骤如下：

(1) 几何建模与体网格生成，初始化流场并迭代计算，设定物理时间，收敛输出速度、压力等物理场，形成粗网格预估阶段。

(2) 采用分区径向基函数模块，通过插值源场(切换预估阶段模拟结果)，获得细网格节点目标物理场，形成细网格修正阶段。

(3) 以细网格目标物理场重构流场(初始条件)，更新时间步长、内部迭代次数等参数，若计算收敛，则输出最终精细流场信息、物体运动响应时历曲线等，包括选择再修正循环次数，实现修正阶段模拟。

多重网格预估-修正迭代加速方法将经典 CFD 模拟设计若干阶段，以网格密度、加密策略设计预估网格、修正网格等。与此同时，基于流场特征变量收敛特性(如力载荷、力矩等)、流场在不同物理时间的典型特征变量变化，制定多重网格预估-修正迭代加速的两种判定准则，即收敛重构判定准则与特征识别监测判定准则，形成两种多重网格预估-修正迭代加速方法。

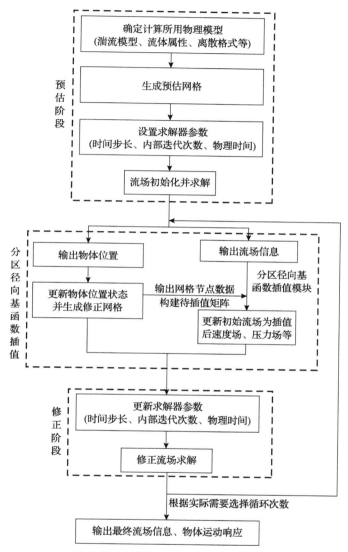

图 3-15　基于分区径向基函数的多重网格预估-修正迭代加速技术路线框架

3.3.4　收敛重构判定准则

基于收敛重构判定准则的多重网格预估-修正迭代加速方法理念为：依据船舶与海洋工程水动力学问题，如静水船舶兴波阻力研究（隶属于定常问题）、波浪船舶运动响应研究（隶属于非定常问题）等，通过船舶受力或运动时历曲线收敛或判断，包含预估过程、修正过程。

图 3-16 为粗-细网格数据映射结构架构。其中，预估阶段通过粗网格模拟，获得收敛状态下每个网格节点上的压力、速度和流体体积分数等；修正阶段采用分区径向基函数技术将粗网格节点上的压力、速度、体积分数等插值到细网格节点上，通过再模拟实现最终高效收敛解。

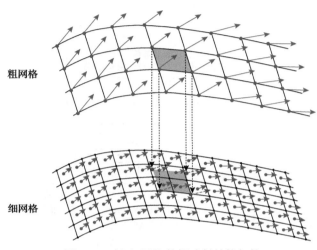

图 3-16　粗-细网格数据映射结构架构

设计预估过程衡准策略为：预判流场计算是否达到收敛，以及预先定义自由度运动是否完成释放和缓冲。一旦预估过程完成，就采用分区径向基函数插值模块将预估网格上节点的压力、速度、体积分数等函数值映射到细网格上(如图 3-16 所示，数据输入和输出)，通过修正(若流场趋于稳定，则运动物体受力或运动规律呈稳定状态、周期性变化；达到预先定义计算时间)实现精细流场预报。

3.3.5　特征识别监测判定准则

基于特征识别监测判定准则的多重网格预估-修正迭代加速方法理念为：基于流场不同的物理时间典型特征，如静水中自由横摇衰减问题等(隶属于非定常问题)，包含时历曲线，涉及预估过程和修正过程。其中，预估过程通过识别监测细网格初始流场特征，剔除大量冗余网格，重构网格；修正过程采用分区径向基函数技术将冗余网格节点上的压力、速度、体积分数等插值到重构网格节点上，通过再模拟实现最终高效收敛解(由于网格密度减小)。

图 3-17 为基于细-粗网格流场经典特征的重构数据映射示意图。采用分区径向基函数插值模块，通过减少网格数量、重构网格，将预估网格上的压力、速度、体积分数等函数值映射到重构网格上，高效实现预估过程。

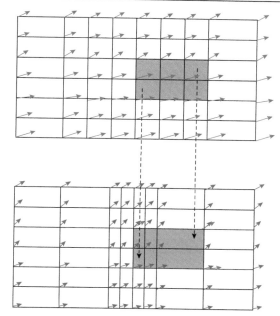

图 3-17　基于细-粗网格流场经典特征的重构数据映射示意图

3.4　数值模拟与标模试验比较

图 3-18 为黏流与刚体运动耦合技术路线架构。为高效精确捕捉浅水/岸壁效应，依据多重网格预估-修正迭代加速技术整体性能衡准（如求解效率、计算精度等），以如下四个标准算例验证，获得计入浅水/岸壁效应影响的数值结果。

（1）标模 1（算例一）：静水中船舶摩擦阻力预报（韩国船舶与海洋工程研究所设计集装箱 KRISO，简称 KCS）。

（2）标模 2（算例二）：波浪中完整船/破损船运动响应预报（国际标模 DTMB-5415）。

（3）标模 2（算例三）：静水中完整船/破损船自由横摇衰减运动预报。

（4）标模 3（算例四）：船舶浅水阻力预报（在现代油轮 KVLCC1 基础上修改形成 U 形船尾，简称 KVLCC2），包括分析岸壁阻塞效应对船舶运动的影响。

3.4.1　船舶静水中摩擦阻力预报

标模 1 船体网格架构（图 3-19）采用多重网格预估-修正迭代加速技术，结合 ITTC1957 平板摩擦公式，预估船体表面摩擦阻力，并与传统单一网格 CFD 模拟结果进行比较。

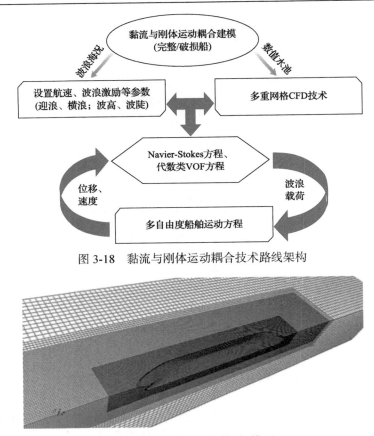

图 3-18　黏流与刚体运动耦合技术路线架构

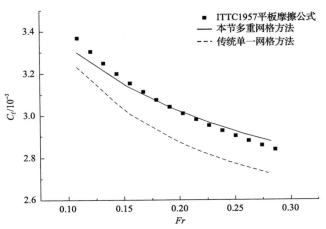

图 3-19　船体网格架构(标模 1)

图 3-20 为不同弗劳德数 Fr 下的船体表面摩擦阻力 C_f（采用多重网格/单一网

图 3-20　多重网格/单一网格摩擦阻力计算与 ITTC1957 标准比较(标模 1)

格技术），并与 ITTC1957 平板摩擦公式计算结果进行对比。

结果分析表明，采用基于收敛重构判定准则的多重网格预估-修正迭代加速技术（迭代步 600，六个工况计算耗时均在 75min 左右），模拟结果与 ITTC1957 平板摩擦公式计算结果十分吻合（误差仅 0.018%～2.097%），高于传统单一网格 CFD 技术（六个工况计算耗时均在 85min 左右）。

3.4.2　船舶波浪中运动响应预报

为预估横浪中完整船/破损船运动响应，考虑零航速船模、入射规则波（如波高 0.039m，周期 1.12s），结合预估阶段网格、中间阶段网格、修正阶段网格（图 3-21），通过模拟获得横浪中横摇船舶运动波浪周期传递函数（图 3-22）。

结果分析表明（图 3-22），规则波中不同入射波周期下完整船/破损船横摇运动响应模拟结果（CFD）与试验结果吻合（EFD）[2]；当入射波周期接近船舶横摇固有周期时，由于共振现象，横摇运动幅值急剧变化，引起较大误差。

与传统的单一网格 CFD 计算结果相比（网格总数 354 万，耗时 354h），结合计算时间衡准指标，采用多重网格预估-修正迭代加速技术，预报总时间 226h（其中，预估网格耗时 25h，中间网格耗时 92h，修正网格耗时 109h），计算效率大约提升 36%（图 3-23）。

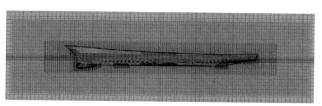

(a) 预估阶段网格设置架构

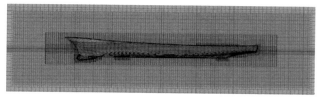

(b) 中间阶段网格设置架构

(c) 修正阶段网格设置架构

图 3-21　预估-中间-修正阶段网格分布架构（标模 2）

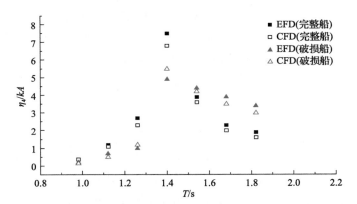

图 3-22　横浪中横摇船舶运动波浪周期传递函数与试验结果比较

(标模 2：完整船/破损船；其中 η_4 为横摇幅值，k 为波数，A 为波高)

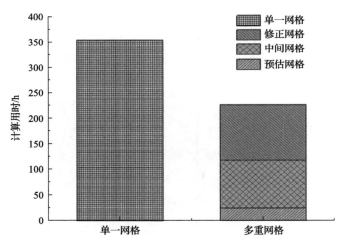

图 3-23　单一网格 CFD 模拟与多重网格预估-修正迭代加速技术比较

(标模 3：破损船模)

3.4.3　船舶静水中自由横摇衰减运动预报

以静水中完整船模/破损船模横摇运动自由衰减为例,考虑初始横倾角 19.38°、静水状态,构建船模预估阶段网格、中间阶段网格、修正阶段网格(标模 2)。图 3-24 为完整船模/破损船模横摇角随时间变化的自由横摇衰减曲线。

结果分析表明,静水中完整船模/破损船模横摇运动自由衰减数值模拟与试验结果吻合;同等条件下,完整船横摇角幅值大于破损船横摇角幅值。

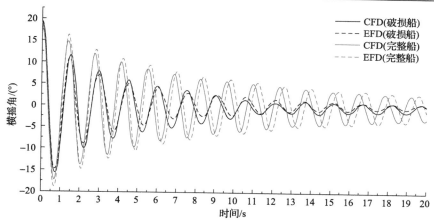

图 3-24　横摇角随时间变化的自由横摇衰减曲线

(标模 2：完整船模/破损船模)

3.4.4　船舶浅水阻力预报

以国际标模 3 为例，考虑航道水深与船模吃水比 $h/T=1.2$、静水直航状态，预估船舶纵向浅水阻力(标模 3)。图 3-25 为不同水深吃水比下阻力计算与试验结果对比。

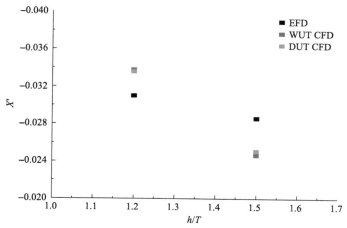

图 3-25　不同水深吃水比下阻力计算与试验结果对比

结果分析表明，在不同水深吃水比下，阻力数值仿真(武汉理工大学(Wuhan University of Technology，WUT))与试验结果吻合，也与荷兰代尔夫特理工大学 (Dutch University Technology，DUT)[3]模拟结果吻合。

以国际标模 2 结合安吉 209 为例，在开阔水域静深水直航工况下，预估船舶总阻力(标模 2 结合安吉 209)。图 3-26 为标模 2、安吉 209 总阻力随航速变化与试验结果对比。

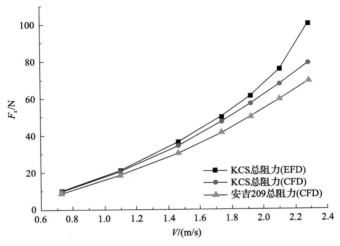

图 3-26 标模 2、安吉 209 总阻力随航速变化与试验结果对比

结果分析表明,标模 2 总阻力数值模拟与试验结果吻合;随着航速递增,船模总阻力与试验结果误差较大,意味着高速总阻力预报应计入自由液面影响;安吉 209 总阻力预报趋势与标模 2 结果类似,验证了安吉 209 水动力建模的可行性与精度。

3.4.5 岸壁阻塞效应对船舶运动响应的影响

鉴于岸壁效应旨在反映岸壁边界层对靠岸船舶流动与受力的影响,傍靠夹缝间流动复杂异常(如高度湍流、漩涡、分离流等),阻塞浅水航道显著影响船舶水动力(经典岸壁效应试验结果表明,船厢航行中船舶承受较大的横向力),为此选择典型过厢船舶(如安吉 209、安吉 210、同发 7),通过设计船舶运动工况、航行轨迹等,以引航道船舶傍靠阶段、引航道船舶进厢阶段、引航道靠岸行船阶段为例,分析岸壁阻塞效应对船舶运动的影响。图 3-27 为船体网格结构。

1)引航道船舶傍靠阶段

以安吉 209 船舶为例(缩尺比为 1:20,上游引航道水深为 14m),预估船舶在上游引航道傍靠阶段阻力。图 3-28 为离岸间距 y_s/B=0.5(其中,y_s 为船中离岸距离;B 为上闸首水域宽)下不同航速纵向阻力及横向阻力比较。图 3-29 为船模航速为 0.224m/s(对应原船航速 1.0m/s)时,不同离岸间距下纵向阻力及横向阻力比较。

结果分析表明,随着航速增加、靠岸距离减小,横向阻力显著增大。

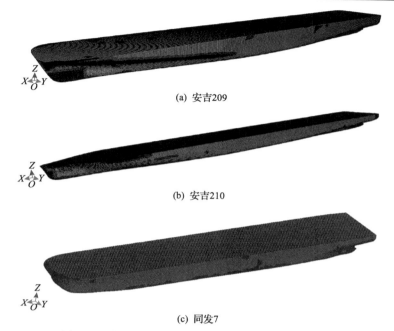

(a) 安吉209

(b) 安吉210

(c) 同发7

图 3-27　安吉 209、安吉 210、同发 7 船体网格结构

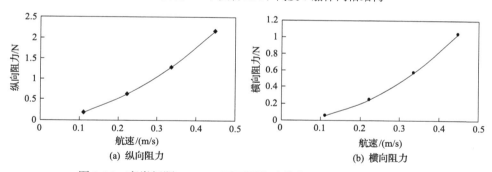

(a) 纵向阻力

(b) 横向阻力

图 3-28　离岸间距 y_s/B=0.5 下不同航速纵向阻力及横向阻力比较

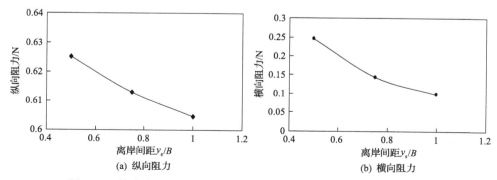

(a) 纵向阻力

(b) 横向阻力

图 3-29　航速为 0.224m/s 时不同离岸间距下纵向阻力及横向阻力比较

2) 引航道船舶进厢阶段

以安吉 209 船舶为例，图 3-30 为引航道船舶进厢阶段不同航速下纵向阻力比较，图 3-31 为引航道船舶进厢阶段不同航速下船舶垂荡比较。

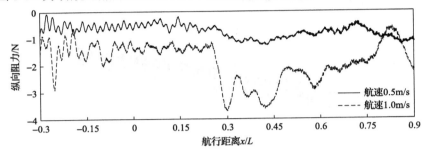

图 3-30 不同航速下进厢船舶纵向阻力比较

x=0 为船厢入口处；L 为船厢水域长度

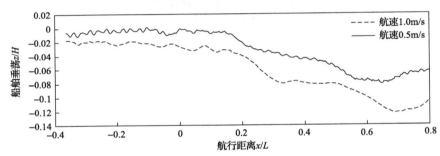

图 3-31 引航道船舶进厢阶段不同航速下船舶垂荡比较

x=0 为船厢入口处；H 为船厢水深

结果分析表明，船舶由引航道进入船厢，由于浅水效应，船舶阻力显著增加；船舶航速增加，纵向阻力显著增大(图 3-28)。同时船舶进入船厢，随着水深变浅，船舶下沉量增大；航速增加，船舶运动响应显著增大(图 3-29)。

3) 引航道靠岸行船阶段

以安吉 209、安吉 210、同发 7 为例，设计上闸首靠岸单船航行阶段计算域(图 3-32)，预报静深水中线直航工况下船舶总阻力随航速变化(图 3-33)。

图 3-32 上闸首靠岸航行阶段计算域(单船)

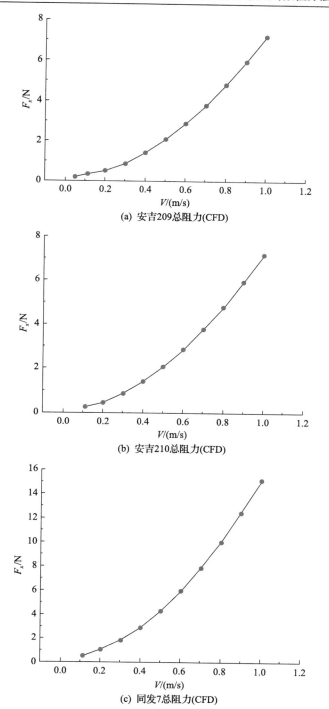

(a) 安吉209总阻力(CFD)

(b) 安吉210总阻力(CFD)

(c) 同发7总阻力(CFD)

图 3-33　静深水中线直航工况下船舶总阻力随航速变化(单船)

结果分析表明，随着航速增加，船舶阻力增大。

3.5　牵引条件下船舶受力建模

牵引系统建模仿真基于 CFD 技术，结合势流模型，构建牵引系统水动力模型（助推船-系缆-被推船），获得拖船和被拖船进出船厢阻力数据。其中，采用基于集中质量法和三维势流理论，分析牵引性能，获得牵引系统在静水中的运动情况及其所受拖缆力，分析拖缆长度、牵引速度、牵引力对拖缆力及牵引系统运动情况的影响。

船舶牵引技术路线如图 3-34 所示。

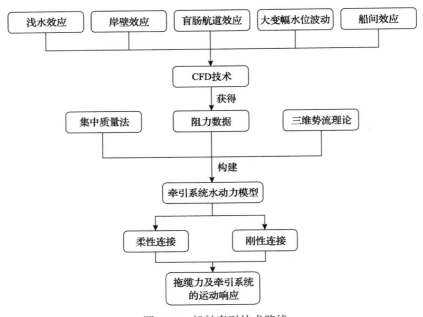

图 3-34　船舶牵引技术路线

3.5.1　高跌差水位波动下船舶受力模型

图 3-35 为缆索弹簧几何建模与离散模型。其中，采用系缆张力建模模块，一方面涉及系缆受重力、浮力、流体拖曳力以及高跌差水位波动波浪载荷等外力作用，另一方面涉及缆索弹簧几何建模与离散模型（图 3-35）。系缆由系列集中质量点、无质量弹簧单元构成，应用典型三维集中质量法形成系缆总体坐标系、连续离散缆索(锚泊线)计算模型。

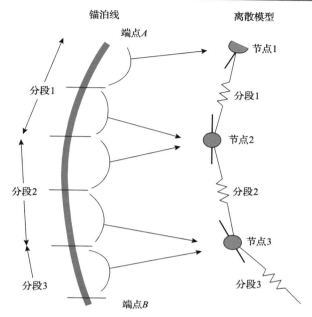

图 3-35　缆索弹簧几何建模与离散模型

　　集中质量-弹簧模型将系缆(锚泊线)划分为若干分段,结合差分法(求解时间导数项)对质量点进行离散,依据受力平衡原理,以牛顿第二定律构建质量点元素运动方程,如系泊缆上第 i 个节点的运动方程为

$$m_i a_i + \frac{1}{2} e_{i+1/2} (a_{iN})_{i+1/2} + \frac{1}{2} e_{i-1/2} (a_{iN})_{i-1/2} = F_i \qquad (3\text{-}26)$$

式中, a_i 为系缆节点加速度; m_i 为系缆节点质量; $e_{i+1/2}$ 和 $e_{i-1/2}$ 分别为节点 $(i, i+1)$ 和节点 $(i, i-1)$ 间被拖曳流体虚质量; $(a_{iN})_{i+1/2}$ 和 $(a_{iN})_{i-1/2}$ 分别为加速度在两段上的法向分量; F_i 为力向量,包括两段缆绳中张力、流体拖曳力、重力、浮力以及高跌差水位波动波浪载荷等。

　　同时,假设系缆分段仅承受拉伸,由线性弹簧 k_i (N/m)和阻尼器 c_i (N/m)构成,表示为

$$k_i = A_i E_i / l_i, \quad c_i = 2\varsigma \sqrt{k_i m} \qquad (3\text{-}27)$$

式中, E_i 为弹性模量; ς 为结构阻尼比(取值为 $0\sim1$); m 为系缆每段 l_i 的质量; A_i 为系缆截面积, $i = 1, 2, \cdots, N$ (N 为节点总数)。

　　为确保数值模型的准确性,在入射波条件下,针对单箱系泊浮式防波堤物理模型试验,通过构建防波堤结构(图 3-36)开展数值模拟(图 3-37)。

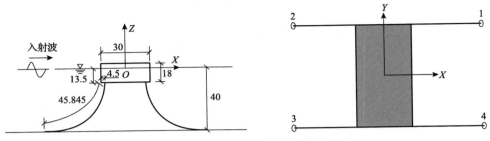

图 3-36　浮式防波堤布局结构(单位：m)

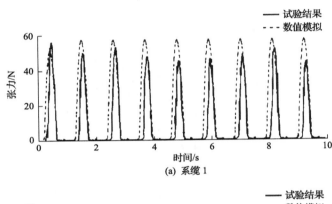

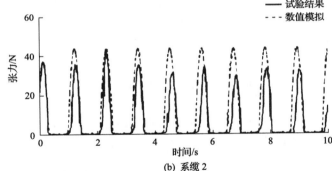

图 3-37　张力数值模拟和试验结果比较

结果分析表明，数值模拟与试验结果吻合，验证了集中质量法建模的可行性与精度。因此，采用集中质量法设计三峡助航牵引系统模型。

3.5.2　船舶系缆张力模型

在三峡助航牵引方案中，被推船-智能助推船以及安装在浮式导航墙上拖缆小车之间的连接方式如图3-38所示。类似于港口工程拖带问题，整体拖船系统如被拖船-拖缆-拖船-拖缆-牵引小车，涉及模型1(连接力1：被拖船-拖缆-拖船架构中拖缆受力)和模型2(连接力2：被拖船-拖缆-牵引小车架构中牵引缆绳受力)。

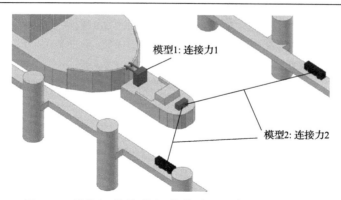

图 3-38　被拖船-拖缆-拖船-拖缆-牵引小车助航牵引方案

　　一方面，智能助推船靠近被助推船，通过自动抓钩连接两船，同时以相同速度平行前进；另一方面，牵引小车通过牵引钢丝绳控制智能助推船的速度和方向，通过解耦形成助推船和被推船之间、助推船与牵引小车之间的水动力学模型。

　　因此，选取两种实例工况：①系缆静态构型；②系缆在端点受水平位移激励下动力响应构型，采用集中质量法计算，通过构建动力学模型，预报系统张力和船舶运动时历响应曲线。

　　首先，引入自动抓钩拖缆连接两船装置，采用单船吊拖连接方式(图 3-39)，构建拖船-被拖船通过自动抓钩受力模型，实现船与船之间通过拖缆连接，形成三峡助航牵引方案中被推船-助推船之间的自动抓钩连接方式,定义为模型 1(连接力 1)。

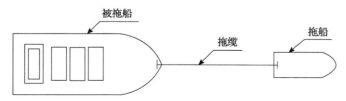

图 3-39　单船吊拖连接架构

　　其次，引入牵引小车缆绳装置，采用双船吊拖架构(图 3-40)，构建拖船-牵引

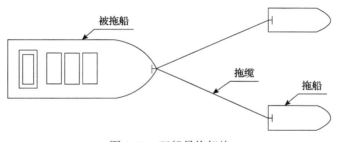

图 3-40　双船吊拖架构

小车通过牵引缆绳受力模型，实现控制智能助推船的速度与方向，形成三峡助航牵引方案中两拖船为两牵引小车策略，确保航向修正输出修正力、紧急制动输出制动力，定义为模型2(连接力2)。

依托港口工程中拖带方式，提出三峡助航牵引方案动力学模型，以单船吊拖算例验证模型1(连接力1)动力学建模的可行性。

针对拖航系统中拖船-拖缆-被拖船缆绳张力预报问题，引入非线性悬链线模型，按照图3-41所示方式连接拖船与被拖船，等效自动抓钩连接两船缆绳。

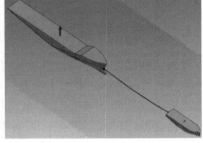

(a) 网格几何模型　　　　　　　　　　　　(b) 水动力模型

图3-41　基于非线性悬链线模型的拖船-被拖船连接方式

假设拖船拖力为50kN，拖缆长170m，拖带点在被拖船上首部，计算中设定模拟时长为1000s，时间步长为0.1s，考虑柔性连接、刚性连接两种方式。

1)柔性系缆连接方式张力预报

图3-42为柔性连接拖航系统拖缆所受张力时历曲线计算结果(给定拖船拖力)。

结果分析表明，起拖阶段缆绳所受张力呈显著波动状态，波动振幅是拖航运动中最大值。主要原因为：被拖船由静止开始加速，引起拖航系统运动不稳定，被拖船艏摇幅度较大，导致缆绳承受张力迅速达到极值；一旦极值过大，就可能发生缆绳断裂或拖船倒退等危险事故，借助于预报拖缆最大张力，实现拖缆筛选。

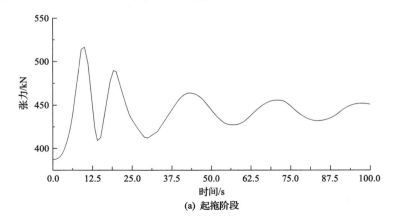

(a) 起拖阶段

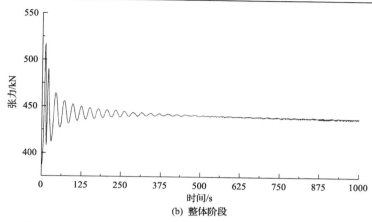

(b) 整体阶段

图 3-42　柔性连接拖航系统拖缆张力时历曲线(给定拖船拖力)

计算中，在 875s 左右缆绳张力逐渐趋向于稳定(处在 400～450kN)；随着拖航系统速度提升，船舶阻力增大，引起拖航系统加速度减小，使拖缆受张力缓慢减小，达到静态平衡状态。

图 3-43 为拖船、被拖船航速时历曲线。

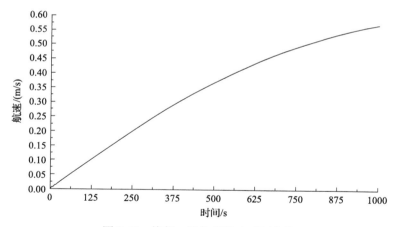

图 3-43　拖船、被拖船航速时历曲线

结果分析表明，张力往复变化，导致拖带两艘船速度都处于波动。例如，结合拖缆张力时历曲线，在起拖阶段，拖缆张力迅速增加，被拖船加速度大于拖船加速度。图 3-44(a)和(b)分别为被拖船艏摇和纵摇时历曲线。

结果分析表明，整个拖航系统在静水中运动稳定，维持拖航直线轨迹。

2)刚性系缆连接方式张力预报

在实际工况中，拖船-被拖船之间以机械抓钩方式进行连接。与柔性系缆连接方式不同(仅传递拉力)，机械抓钩属于刚性连接，传递拉力与压力，因此可获得两种不同连接方式的结果。图 3-45 为刚性连接几何建模与动力学模型。

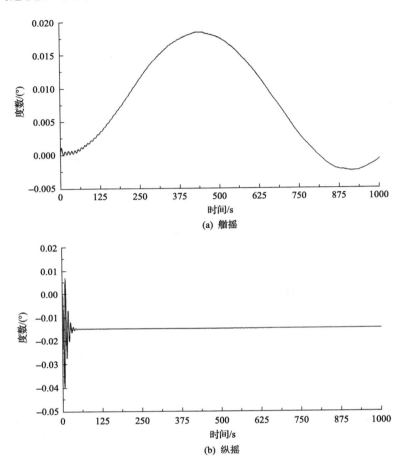

(a) 艏摇

(b) 纵摇

图 3-44　被拖船艏摇和纵摇时历曲线

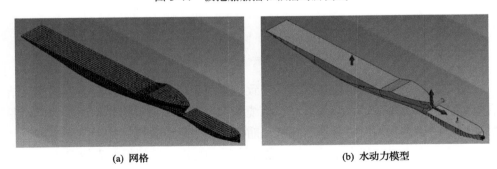

(a) 网格　　　　　　　　　　　　(b) 水动力模型

图 3-45　刚性连接拖航系统动力学模型

类似于柔性连接，刚性连接拖航系统起拖阶段抓臂张力时历曲线如图 3-46

所示。

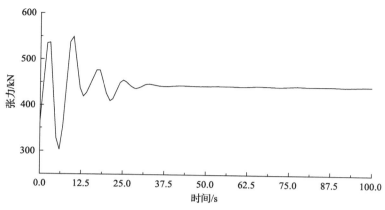

图 3-46　刚性连接拖航系统起拖阶段抓臂张力时历曲线

　　结果分析表明，与柔性系统张力时历曲线相同，在拖带开始阶段，张力曲线产生较大变幅且最大幅值相近，包括稳定张力；对于不同的柔性系统张力时历曲线（具有更长缓冲距离），若两船之间连接方式为刚性抓臂，则张力曲线产生变幅时间更短，更易出现结构损坏。

　　图 3-47 为被拖船艏摇时历模拟曲线。分析表明，船舶运动预报均在 0° 左右小范围内波动，意味着刚性连接在整个拖航静水中运动，确保直线稳定性。

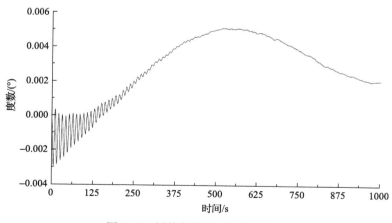

图 3-47　被拖船艏摇时历模拟曲线

3.6　小　　结

　　本章面向三峡升船机船舶进出船厢限制水域的水动力数学模型与数值方法，

对三类湍流数值模拟方法进行了较为全面的分析与介绍，重点围绕岸壁效应、浅水效应边界层精确捕捉，提出分区径向基函数技术，发展基于分区径向基函数的多重网格预估-修正迭代加速技术，创建分区分域双数学模型，开发船舶牵引装置受力建模方法和船舶牵引连接装置受力模型，应用若干典型场景，如三维曲面插值、均匀气流场中弹性平板界面插值、标模 1(静水中船舶摩擦阻力预报)、标模2(波浪中完整船/破损船运动响应预报)、标模 2(静水中完整船/破损船自由横摇衰减运动预报)、标模 3(船舶浅水阻力预报)、岸壁阻塞效应对船舶运动响应的影响、单箱系泊浮式防波堤分析、柔性/刚性系缆连接方式张力预报，包括安吉 209、安吉 210、同发 7 水动力建模，验证相关技术的可行性和预报精度，突破传统单一网格模拟技术耗时长、效率低的瓶颈难点，主要结论如下。

(1)分区径向基函数插值技术可确保流场数据的高效精确映射。

(2)随着分区数增大，数据转换插值时间逐渐减小。

(3)采用基于收敛重构判定准则的多重网格预估-修正迭代加速技术，计算效率显著高于传统单一网格 CFD 技术。

(4)双数学模型理论上可精确捕捉浅水、岸壁阻力。

(5)随着航速增加及靠岸距离减小，横向力显著增大。

(6)随着浅水效应显现，船舶阻力显著增加。

(7)随着船舶航速增加，纵向阻力显著增大。

(8)随着水深变浅，船舶下沉量增大。

(9)随着航速增加，船舶运动响应显著增大。

(10)起拖阶段缆绳所受张力呈显著波动状态，波动振幅是拖航运动中的最大值。

总之，分区径向基函数技术、基于分区径向基函数的多重网格预估-修正迭代加速技术、分区分域双数学模型、船舶牵引装置受力建模方法、船舶牵引连接装置受力模型，为后续三峡升船机船舶进出船厢的非线性运动高效精确预报提供了技术支持。

参 考 文 献

[1] Begovic E, Day A H, Incecik A. An experimental study of hull girder loads on an intact and damaged naval ship[J]. Ocean Engineering, 2017, 133(15): 47-65.

[2] 吴宗敏. 径向基函数、散乱数据拟合与无网格偏微分方程数值解[J]. 工程数学学报, 2002, 19(2): 1-12.

[3] Toxopeus S L, Simonsen C D, Guilmineau E, et al. Investigation of water depth and basin wall effects on KVLCC2 in manoeuvring motion using viscous-flow calculations[J]. Journal of Marine Science and Technology, 2013, 18(4): 471-496.

第4章 高跌差物模试验与数值模拟

4.1 引　　言

　　三峡升船机引航道船舶进出船箱限制水域面临复杂的水文环境。一方面，受水库调洪作用、船闸泄水、船厢对接卧倒门开启、风浪、船行波等因素调控，以及上游露出水面隔流堤影响，使船闸灌水仅依赖上游引航道口门区补水，引起引航道高跌差水位波动变化(如上游通航水位变幅 30m)，导致船厢水位波动现象显著，最大波面升高幅值可达 0.50m；另一方面，类似长波、涌浪等，三峡升船机引航道大变幅波动水位缓慢变化，呈现长周期特征，是一种复杂与缓慢变化的非线性波(如波峰较窄、波谷较宽、波面近似呈摆线形状等，如图 4-1 所示)，导致计算极度耗时，难以满足实际工程需求。

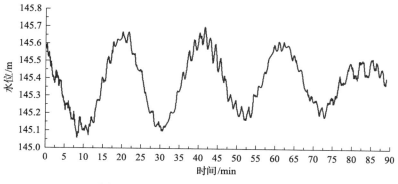

图 4-1　上游高跌差水位波动时历曲线

4.2　小水池高跌差水位波动试验模型与数值模拟

4.2.1　引航道高跌差等效物理模型和数学模型

　　理论上，溃坝呈现波动水面瞬态变化(如短波，其周期短)，高跌差水位呈现波动水面缓慢变化(如长波，其周期长)，建模中若采用船厢进口端溃坝时历曲线规律，则难以表征高跌差水位时历曲线变化。因此，本节以捕捉上闸首与船厢进口端最大水位升高为目标指南，设计等效高跌差水位溃坝模型。

　　等效高跌差水位溃坝模型设计基本原理为：在一定溃坝长度下，通过优化水柱高长比，结合实际观察测量（上闸首与船厢进口端最大水位波动），设计等效高跌差水位极端效应溃坝模型，获得船厢进口端最大水位变幅（或水位增加最大值），高效精确预报溃坝中变航速船舶进出船厢运动响应（如纵摇、升沉），制定相关安全准则，解决上游船舶进入引航道-船厢面临触底、船厢碰撞等安全问题，确保极端高跌差水位环境下船舶进出船厢的安全，实现计算高效的目的，满足实际工程需求。

引航道高跌差水位波动是一种缓慢变化的非线性波，若直接应用现有边界数值造波生成技术，则难以准确表征水位波动变化规律，尤其对于捕捉高跌差水位波动典型特征引起的计算时间长、效率低等问题。

为解决水位缓慢变化导致的计算效率低等问题，本节引入溃坝波模型，以船厢进口端最大水位变幅预报为目标（如图 4-2 所示，图中，L_D 为水柱长，H_D 为水柱高），通过优化溃坝长度、高度，设计等效高跌差水力波溃坝模型，依据溃坝波瞬态变化，快速捕捉船厢进口端最大水位幅值，实现船舶进出船厢限制水域非线性运动高效精确预报。

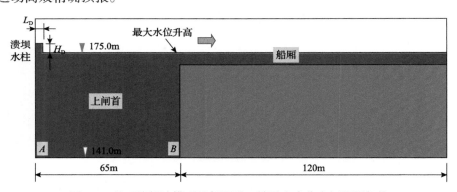

图 4-2 基于溃坝波模型的船厢进口端最大水位变幅预报架构

等效高跌差水位差水力波溃坝模型设计以船厢进口端最大水位变幅预报为目标，结合实时测量（上闸首与船厢进口端最大水位升高 0.5m），通过优化水柱高长比、上闸首溃坝布置（位于上闸首与船厢进口端之间），设计等效高跌差水力波模型，高效精确预报溃坝中船舶进厢运动响应（如纵摇、升沉），确保极端高跌差水位下船舶进出船厢的安全（如引航道-船厢面临触底等），解决水位缓慢变化引起的计算效率低等问题。

4.2.2 标模高跌差试验模型与数值模拟

为实现等效高跌差水位波动模型，首先选择现有标准溃坝物理试验模型[1,2]，通过观察溃坝波生成、演化与发展，诠释溃坝波机理，验证溃坝波建模等效高跌差水位波动模型的可行性和精度。

图 4-3 为典型的溃坝初始水柱几何构型。图中，水柱尺寸为 0.05m×0.1m×0.1m（长×宽×高）。计算模拟中，引入三个无因次变量，即无因次时间 $t^* = t\sqrt{2|g|/L}$、波面长 $X^* = L_w/L$、波面高 $Z^* = H_w/L$（式中，L_w 为波面至左边界最大距离；H_w 为波面至下边界最大距离），在静水平衡初始时刻状态下（矩形水柱受两个垂直挡板约束），快速移除右端挡板，使矩形水柱受重力作用开始泄流，阐述溃坝波砰击壁面过程中生成、演化与发展（如图 4-3 所示，虚线呈现水流行进中的波面）。

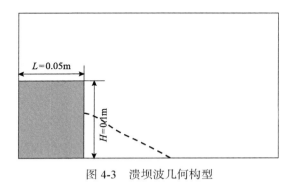

图 4-3　溃坝波几何构型

图 4-4 为距离底部 A、左壁面波面位置 B（X^* 和 Z^*）时历曲线模拟与试验结果比较，图 4-5 为不同时刻下溃坝波模拟波面图。

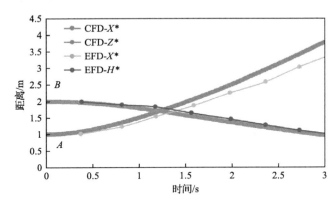

图 4-4　定点位置波面升高时历曲线与试验结果比较（距离底部/左壁面）

结果分析表明，典型固定位置波面升高时历曲线模拟与试验结果十分吻合，验证了溃坝建模的可行性和精度。

进一步地，溃坝波的演化结果表明（图 4-5），矩形平衡水柱受重力作用，呈现波浪卷曲、破碎及破碎中水气掺混，砰击、飞溅、气垫及空化现象（类似液舱晃荡问题），数值模拟捕捉自由液面大变形、融合和破碎等现象。

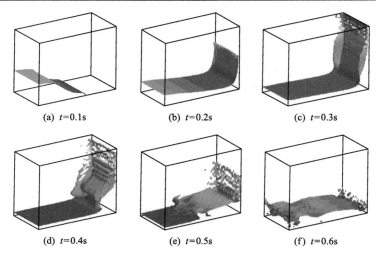

(a) $t=0.1s$ (b) $t=0.2s$ (c) $t=0.3s$

(d) $t=0.4s$ (e) $t=0.5s$ (f) $t=0.6s$

图 4-5　不同时刻下溃坝波模拟波面图

移动撤去挡板后，水柱加速向下崩溃，迅速沿底部壁面移动，如图 4-5(a)所示。随后，水柱砰击右侧壁面，并向上爬升，伴随水滴向上飞溅，理论上水体动能转化为势能，如图 4-5(b)和(c)所示。水柱爬升至右侧壁面最大高度时，水柱受重力作用向下流动，重力势能转化为动能，如图 4-5(d)所示。一旦高速下落水体与底部低速水体相互耦合，水体上高下低速度差效应引起涌浪，如图 4-5(e)中一个隆起水舌向左运动。当水舌砰击左侧壁面时，波面在空中发生破碎，形成破碎波，如图 4-5(f)所示。自由液面发生大变形、融合和破碎等现象。

4.3　高跌差试验模型

为验证捕捉上闸首与船厢进口端最大水位波动等效模型的可行性和精度，首先围绕高跌差水位波动，按缩尺比 1:71(设计水池)和 1:51(设计假底)设计与研制小水池高跌差水位波动水池装置，涉及微型数据采集系统设计与制造、溃坝门稳定开启技术设计与制造等。为此，通过研制 3D 打印浪高仪结构装置、开发稳定舱门开启电机技术，包括立方体水池、系泊控制、定点位置浪高仪等主要试验装置，建造试验模型，具有概念简单、操作方便且高效等特点。

其次，针对测量次数充分多的等精度重复性试验样本集，依据正态分布原理，采用 3σ 准则，结合 K-means 聚类算法、Origin 软件相邻平均法，求解基于正态分布置信区间的概率密度，采用数据预处理、光滑数据途径等，提取各时间段测量的最大值、最小值和平均值，提出并发展高跌差水位波动重复性量化有限散布窄带域技术，建立高跌差水位波动试验测量准则，为高效精确验证水动力建模与数值方法，提供可靠的试验平台、方法与手段。

最后，构建与试验装置一致的高跌差水位波动数学模型，获得船舶运动响应计算结果。

4.3.1　小水池高跌差试验装置设计

针对小水池高跌差水位波动试验，设计以 3D 打印设计浪高仪、电子马达开启船舷开孔仪为核心元素的高跌差水位波动试验装置，其总体设计架构如图 4-6 所示。该装置由小玻璃钢水池、溃坝水箱、溃坝开启装置、假底（模拟水位差）、浪高仪、系泊系统、数据测量与采集系统、试验辅助系统等若干部分构成。

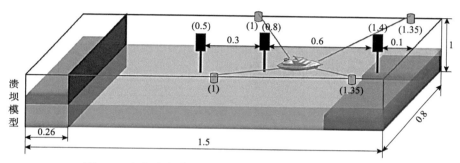

图 4-6　小水池高跌差水位波动试验装置架构（单位：m）

其中，溃坝系统由自由落体运动牵引启动（配重质量 70kg），时间约 0.09s。该装置可再现高跌差水位波动典型非线性流动现象（如波浪卷曲、破碎、融合、分离流、高度湍流涡团、水气掺混两相流等），具有概念简单、操作方便且高效等特点，同时为高效精确验证水动力建模与数值方法，深入揭示高跌差水位波动机理提供试验平台、方法与手段。图 4-7 为小水池高跌差水位波动试验测量技术路线框架。

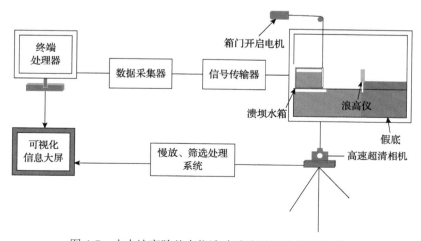

图 4-7　小水池高跌差水位波动试验测量技术路线框架

该技术主要步骤如下：

(1)按缩尺比(1:71 与 1:51)设计小水池高跌差水位波动水池，矩形水柱受两个垂直挡板约束，标定水池初始水位以及溃坝水柱的高度和长度。

(2)电机稳定开启溃坝右端挡板，使矩形水柱受重力作用开始泄流，与此同时，由布置定点位置浪高仪(如船厢接口处)实时测量波高数据，并由信号传输器切换至数据采集器。

(3)通过终端处理器分析，由大屏幕呈现可视化信息，包括由高速超清相机同步记录试验过程(利用慢放筛选技术)。

4.3.2　小水池高跌差下方柱系泊试验与数值模拟

图 4-8 为高跌差水位波动下进口端水面升高测量框架。该装置由假底、高跌差水柱(给出水柱高长比)、浪高仪等构成。

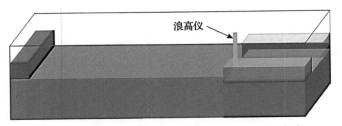

图 4-8　高跌差水位波动下进口端水面升高测量框架

试验实施过程中，优化溃坝水柱高长比，开展多次重复性试验，获得基于正态分布的高跌差水位波动下进口端水面升高重复性试验数据。

依据 3σ 准则，结合 K-means 聚类算法、相邻平均法等，以及数据预处理、光滑数据技术等，形成船舶在船厢接口处定点位置波面升高 h 测量时历曲线量化有限散布窄带域(图 4-9)。

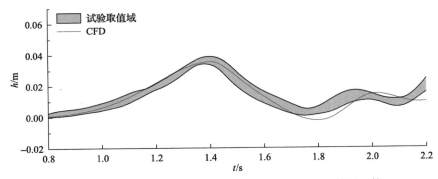

图 4-9　浪高仪测试点波面升高时历曲线模拟与试验结果比较

结果分析表明,数值模拟船厢接口处位置波面升高时历曲线与试验结果吻合,大多数点隶属于有限散布窄带域内,验证了船舶在船厢接口处波面升高测量时历曲线量化有限散布窄带域技术的可行性。

为预报溃坝波对物体在波浪中的运动响应,以方块模型为例,工况设置为浅水区域水深 3cm,溃坝高度 10cm;方块中心位于水池深水区域和浅水区域交界处,放开升沉和纵摇两个自由度运动。计算模拟中,快速拉开溃坝装置挡板,水受重力从溃坝装置涌出,水池水面处形成波浪,砰击侧壁面并反射。

图 4-10 为溃坝波方块系泊数值水池计算域(俯视图),该区域由深水区域和浅水区域构成。其中,溃坝装置安装在深水区域左侧,方块模型设置浅水区域,相关参数尺寸为 0.1m×0.1m×0.10m(长×宽×高),包括吃水 0.1m,排水量 0.1kg,惯性矩 0.0001667kg·m²。此外,为捕捉精细流动,在溃坝波模型、方块附近,以及自由液面处进行网格加密(图 4-11)。

图 4-10 溃坝波方块系泊数值水池计算域(俯视图)

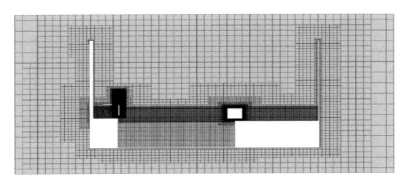

图 4-11 溃坝波方块系泊网格布置图

结果分析表明(图 4-12),正方向纵摇角最大值为 6.86°,负方向纵摇角最大值为−13.30°,不会发生倾覆现象;正方向升沉最大值为 0.023m,负方向升沉最大值为−0.007m,不会产生触底现象。

图 4-13 为初始状态,此时溃坝波静止,水池处于静水状态;图 4-14 为典型瞬态过程,通过观察,自由液面兴起明显波浪,方块在水动力作用下发生纵摇和

升沉运动响应。

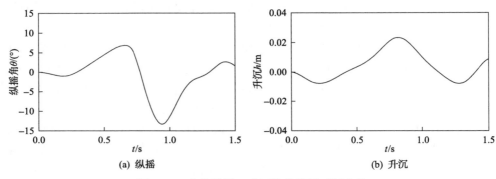

(a) 纵摇　　　　　　　　　　　　　　(b) 升沉

图 4-12　方块纵摇、升沉数值模拟时历曲线

图 4-13　初始状态($t=$0s)

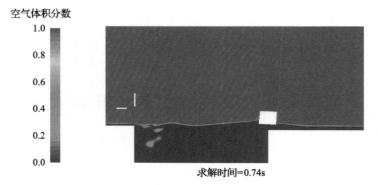

求解时间=0.74s

图 4-14　典型流动状态模拟过程

4.3.3　大水池高跌差试验方案设计

小水池高跌差水位波动试验装置受尺度效应的影响，引起甲板上浪，难以有效测量实际条件下船模系泊运动响应，试验中以方块结构替代典型船模，获得高

跌差水位波动下方块系泊响应测量结果，验证引航道高跌差水位波动等效物理和数学模型。在此基础上，为获得大变幅水位波动下的船舶阻力、系泊船舶运动响应以及船舶姿态，自主设计高跌差水位波动下双船系泊组合船舶水动力响应试验装置，包括研制考虑岸壁效应的引航道-船舶系缆试验装置、开发基于 3σ 准则的限制水域船舶水动力试验散布窄带技术，具有结构强度高、易于拆装维修、测量实施方便等优点。

图 4-15 为大水池高跌差水位波动试验装置架构。水池尺寸为 10m×1m×1.5m（长×宽×深）。

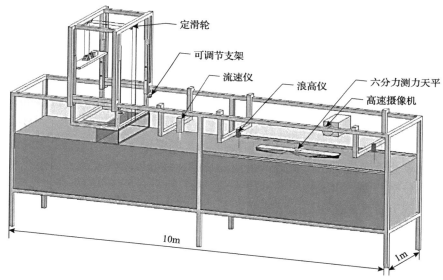

图 4-15　大水池高跌差水位波动试验装置架构

一方面，不同于小水池高跌差水位波动试验装置，大水池高跌差水位波动试验装置包含完整的电动机带动闸门，以及配有以船模系缆装置为核心元素的高跌差水位波动试验装置，如图 4-15 所示，该装置由玻璃钢水池及其支架、高跌差水位生成装置、船模系缆系统、测量系统等若干部分构成。采用更大缩尺比自主设计高跌差水位波动双船组合船舶水动力试验装置，可再现三峡升船机引航道高跌差水位波动环境，精确测量推船与被推船双船系统由高跌差水位波动引起的船舶阻力、船舶姿态和运动响应变化，制定三峡升船机船舶过厢安全准则，解决上游船舶进入引航道和上闸首面临触底、碰撞等问题，大水池高跌差水位波动下船模系泊试验流程如图 4-16 所示。

另一方面，三峡升船机引航道实际长度约 256m，宽度约 30m，结合试验场地实际大小，以优化缩尺比 1:20 进行缩放，确定试验模型长与宽分别为 10m 和 1m。

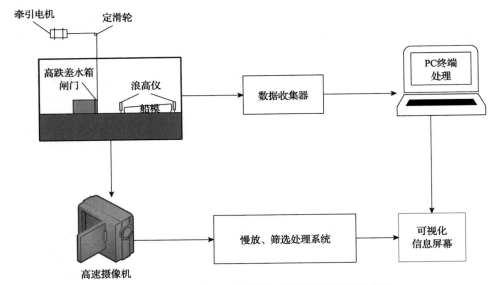

图 4-16　大水池高跌差水位波动下船模系泊试验流程

鉴于三峡引航道枯水期极限水深约 141m、丰水期极限水深约 175m，为满足试验条件，大水池设置高 1.5m。此外，采用高强度、高硬度金属支架，以承受总重近 10t 结构（包括约 8m^3 水及相应的试验装置附件）。

为实现上游水位在船厢入口处呈极限水位高 0.025m，选择高跌差波动水箱一端设置 0.2m 以上水柱装置，同时分别在水平和竖直方向上设计两对平行移动导轨，方便调节高跌差水位波动水箱。其中，水平方向上导轨修正高跌差水箱位置，调整扰动起点位置；竖直方向上导轨随水位变化，确保扰动面均匀，消除重力势能影响。进一步地，为确保闸门开启过程缓慢且平稳，在高跌差水箱一侧闸门上方增设一个挡板，安装一台交流电机，控制水位上升高度及闸门开启。在此基础上，为完成瞬启闸门，采用功率为 800W 以上的三相异步电机，结合船模系缆系统，实现 1:20 缩尺比模拟实际三峡上游引航道船舶进入上闸首船舶水动力典型阶段。

大水池高跌差水位波动下船模系泊试验装置具有操作简便、模拟效果精确且直观等特点，同时适用于数学模型与物理模型之间的验证，揭示高跌差水位运动机理，以及为捕捉特定工况下双船或单船运动响应提供试验平台。试验主要步骤如下：

(1)在高跌差水箱中补充水流量，形成溃坝水柱，并考虑高跌差水箱中部分水流入试验水池的影响。

(2)通过导轨调节高跌差水箱位置，使底部与试验水池液面持平，同时电机与闸门连接。

(3)船模平稳放置系缆处,固定系缆长度,系缆长度应确保试验水池中船模受水流波动具有一定松弛有限浮动。

(4)布置测量仪器,包括高速摄像机、浪高仪和六分力测力仪。

其中,六分力测力仪用于测量流体升力、阻力、侧力、俯仰力矩、滚动力矩和偏航力矩(其放置在船模上,随船模运动);高速摄像机用于拍摄瞬态图像变化,捕捉波浪中船模运动响应;多处布置浪高仪测量固定位置水面升高时间历程。

此外,为确保试验结果的可靠性,启动测量仪器,打开高速摄像机对试验过程进行拍摄,启动电机开启闸门,观察高跌差水箱引起的水流波动及船模运动响应,采集测量数据,建立试验数据库,形成高跌差水位波动下基于3σ准则的限制水域船舶水动力试验散布窄带。

4.4　小　　结

本章针对引航道限制水域高跌差水位波动物模试验与数值模拟,以捕捉上闸首与船厢进口端最大水位升高为目标指南,引入等效引航道高跌差水位波动物理模型和数学模型,设计等效高跌差水位溃坝模型,重点围绕高跌差水位波动试验模型与数值模拟,以标模溃坝试验模型与数值模拟、小水池高跌差水位波动试验装置设计、小水池高跌差水位波动下方柱系泊试验与数值模拟、大水池高跌差水位波动试验装置设计,获得相关数模与物模结果,实现高效精确捕捉船厢进口端最大水位变幅,解决计算耗时长、效率低等问题。主要结论如下:

(1)标模溃坝典型固定位置波面升高时历曲线模拟与试验结果吻合,验证了溃坝建模的可行性与精度。

(2)小水池高跌差水位波动试验测量与水面升高时历曲线模拟吻合,表明小水池高跌差水位波动试验装置性能优良。

(3)多数测量点隶属于有限散布窄带域内,形成船厢接口处波面升高测量时历曲线量化有限散布窄带域。

(4)大水池高跌差水位波动试验装置设计合理。

总之,小水池高跌差水位波动试验装置、对应数值模拟、测量时历曲线量化有限散布窄带域技术、大水池高跌差水位波动试验方案,为后续三峡升船机船舶进出船厢的非线性运动高效精确预报提供了试验平台与技术支持。

参 考 文 献

[1] Sun X S, Sakai M. Three-dimensional simulation of gas-solid-liquid flows using the DEM-VOF

method[J]. Chemical Engineering Science, 2015, 134: 531-548.

[2] Hu C H, Sueyoshi M. Numerical simulation and experiment on dam break problem[J]. Journal of Marine Science and Application, 2010, 2: 109-114.

第5章 复杂水动力环境下长航槽双船组合水动力及智能助推系统

5.1 引　　言

以通航效率、航速可控、航向稳定、路径可控为总体目标，针对三峡升船机船舶进出船厢面临典型水动力特性与智能助航技术挑战，如浅水与岸壁效应、高跌差水位波动与盲肠航道效应及船间效应，以及低速与无舵效应及智能感知技术等，本书在前面章节概括了船舶进出船厢限制水域典型的船舶水动力性能、进出船厢牵引方案、船舶智能决策以及船舶智能感知关键技术等，主要围绕船舶进出船厢限制水域水动力五大物理特征与智能感知等关键技术，形成考虑浅水与岸壁效应、高跌差水位波动与盲肠航道效应的船舶进出船厢非线性水动力学理论框架与方法，包括船舶进出船厢电动推轮、机械牵引等策略，船舶进出船厢风险感知与预警模型，以及船舶进出船厢智能感知与数据融合等关键技术等，为解决三峡升船机船舶进出船厢耗时长、效率低等瓶颈问题，提供新的理论、方法与技术手段。

由此，为实现三峡升船机稳定高效运行、显著提升船舶进出船厢的安全性与效率，本章引入驳运操纵理念，依托现有船舶进出船厢机械牵引/电动助推技术，结合船舶组合连接自动抓钩受力建模与预报技术、牵引小车钢丝绳张力建模与预报技术[1]，在前期研究的基础上，齐俊麟开创性构思助推船顶推/拖带被助推船进出船厢机械牵引/电动助推策略，提出船舶水动力智能航行下助推船顶推/拖带过厢船舶进出船厢机械牵引/电动助推顶层设计(图 5-1)，推动三峡升船机船舶进出船

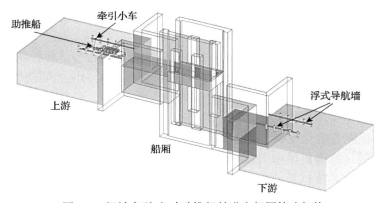

图 5-1　机械牵引/电动助推船舶进出船厢策略架构

厢牵引/电动助推开发与应用，是全面提升三峡升船机运行效率的重要途径和有效手段，有助于确保升船机长期稳定高效运行，实现客货轮、特种船舶等快速过坝通道。

5.2　长航槽双船组合研究背景及意义

现有水动力环境下长航槽内船舶通航技术，国内外助航策略主要大致划分为两大类：机械牵引、推船顶推/拖带驳运。其中，著名巴拿马运河中米拉弗洛雷斯船闸采用机械牵引(图 5-2)，由于通航环境良好，如上下游航道水位落差平稳与稳定、出口水域静水开阔，采用牵引小车实施机械牵引技术难度较小。

图 5-2　牵引小车机械牵引船舶进出船厢图片

具有若干优点：①可以有效控制船舶航向，减小船舶与升船机设备设施碰撞的风险；②可以有效控制进出船厢船舶航速，缩短进出船厢时间；③放宽通过升船机船舶的限制条件；④避免船舶烟气对升船机环境造成污染。牵引小车机械牵引的局限性在于，纯粹机械牵引技术涉及宽敞通航场地、固定牵引轨道等，制约了限制水域航道中船舶通航路径区域。另外，牵引小车提供船舶通航制动动力，对牵引小车总体性能提出了较高要求。

智能推船顶推/拖带驳运方案引入了无人驾驶自动航行与远程控制技术，设计以导向和制动为核心元素的推轮助航技术系统，确保推船为电力驱动船舶(停靠长航槽内)、被推船为仅挂主机的无动力船舶(由上游驶入)，实现推轮启动被推船效果，解决升船机主体段因高耸、狭长的密闭空间引起过厢船舶尾气、噪声污染严重问题，降低船方运营成本，有助于确保绿色航行，但面临智能控制技术的挑战。

为此，通过结合机械牵引和电动推轮两种方案的优点，集成牵引动力系统、导向系统、制动系统以及动力系统与过机船舶的快速连接技术，提出一套智能牵引助推船舶通航策略，对全面提升三峡升船机运行效率、确保升船机长期稳定高效运行具有重要理论研究与工程应用价值及意义。

5.3　复杂水动力环境下长航槽双船组合水动力特征

图 5-3 为三峡升船机上游靠船墩-引航道-导航墙-上闸首-闸室长度结构示意图
（上游）。其中，上游通航水位变幅为 30m，涉及高跌差水位波动；水位变率为
±0.50m/h，涉及水位流速突变；出口水域狭窄，涉及限制航道岸壁效应；枯水期
间上游水位低于 150m[2]，致使上游隔流堤露出水面，涉及盲肠航道效应；与开阔
水域船间效应相比，由于限制水域存在阻塞效应，迫使两船间水流加速，导致船
舶周围流场发生变化，产生相互吸引力，显著影响船舶水动力性能，使限制水域
船间效应更显著，双船水动力建模理论分析与数值求解更复杂，严重影响船舶操
纵性以及航向稳定性与安全性。

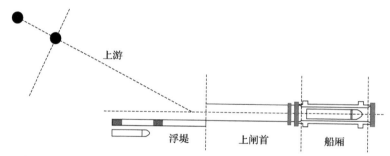

图 5-3　靠船墩-引航道-导航墙-上闸首-闸室长度结构示意图（上游）

以智能助推船顶推/拖带驳运为例，鉴于驳运过程中智能助推船与被助推船一
般以较小间距并行前进，长航槽双船组合智能助推系统涉及三个典型阶段。

（1）阶段 1：当被助推船以低速沿浮堤、引航道按路径规划航线缓慢前行时，
在浮堤等待智能助推船，逐渐靠近被助推船（图 5-4）。

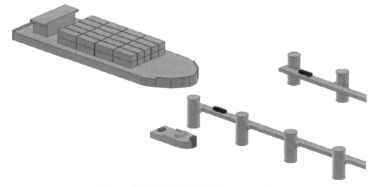

图 5-4　智能助推船逐渐靠近被助推船

　　(2)阶段2：智能助推船靠近被助推船，通过自动抓钩连接两船，并以相同速度平行前进。与此同时，牵引小车通过牵引钢丝绳控制智能助推船的速度和方向(图5-5)。

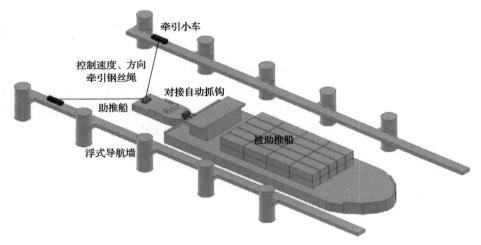

图5-5　牵引小车-自动抓钩连接助推船-被助推船进船厢过程框架

　　(3)阶段3：智能助推船顶推/拖带被助推船靠近船厢，自动解除连接两船抓钩，智能助推船逐渐驶离被助推船，完成智能助推船顶推/拖带驳运过程(图5-6)。

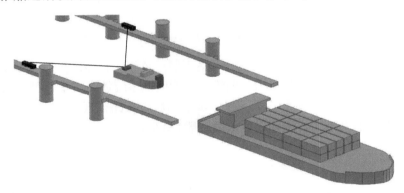

图5-6　被助推船靠近船厢过程

5.4　长航槽双船组合船舶水动力物理模型与数学模型

　　长航槽双船组合船舶进出船厢限制水域水动力物模与数模依据 CFD 前沿技术，结合人工智能等，建立含岸壁、盲肠航道、高跌差水位波动及船间效应的船舶进出船厢水动力双数学模型与理论方法，通过设计与研制高跌差水位波动下引航道双船系泊物模试验装置与计算模型、长航槽双船组合电动助推被助推船进出船厢示范试验装置，创建面向三峡升船机考虑船舶进出船厢限制水域船间效应与岸壁效应、高跌差水位波动与盲肠航道效应影响的非线性船舶水动力学理论框架与方法，高效精确预报船舶水动力性能，突破限制水域岸壁效应双船力学建模与方法的局限性，为船舶牵引条件准则、控制速度等提供指导性准则。

双数学模型中主要涉及以下关键技术：

(1)船厢限制水域浅水效应、岸壁效应机理诠释与精确捕捉技术(解决重点基础理论共性问题)。

(2)牵引小车钢丝绳高精度张力建模与理论分析方法(解决船舶进出船厢机械牵引/电动助推特色问题，见图5-7)。

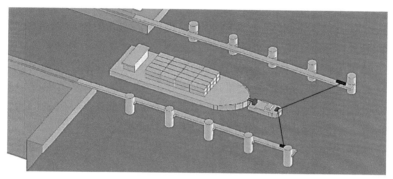

图 5-7　长航槽双船组合机械牵引/电动助推被助推船出船厢架构

(3)对接自动抓钩受力高精度建模与预报技术(解决船舶进出船厢机械牵引/电动助推特色问题，见图5-8)。

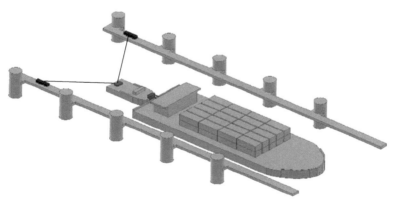

图 5-8　长隧道双船组合机械牵引/电动助推被助推船进船厢架构

(4)高跌差水位波动下考虑岸壁效应的船-船非线性运动耦合建模与高效高精

度预报方法(解决船舶进出船厢机械牵引/电动助推特色问题)。

(5)高跌差水位波动效应高精度快速预报技术(解决船舶进出船厢机械牵引/电动助推特色问题)。

(6)盲肠航道效应波浪反射/消波技术(解决船舶进出船厢机械牵引/电动助推特色问题)。

(7)浅水/岸壁效应叠加高跌差水位波动/盲肠航道效应高精度建模与预报技术(解决船舶进出船厢机械牵引/电动助推特色问题)。

5.5　应用场景：长航槽双船组合电动助推示范模型试验设计

依托武汉理工大学操纵水池，设计与研制长航槽双船组合电动助推被助推船进出船厢试验装置，开展双船组合电动助推被助推船进出船厢物理模型试验，为长隧道双船组合船舶进出船厢船舶水动力性能预报研究奠定基础。

试验主要研究内容包括：拟采用局部正态模型试验设计，展示全景式高跌差水位狭长航道船舶进出、助推船助推船舶进出船厢过程；综合考虑操纵船池尺寸，确定升船机引航道模型缩尺比为 1:10，实现模拟范围全长约 500m(上游至升船机引航道靠船墩、下游至升船机封闭端，如图 5-3 所示)。

下面简单扼要阐述示范模型总体设计、船模设计、制动小车系统设计等。

1)示范模型总体设计

示范模型总体设计平面布置图如图 5-9 所示。

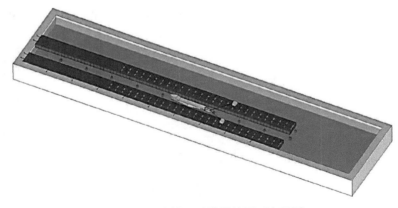

图 5-9　示范模型总体设计平面布置图

综合考虑试验目的、要求以及操纵水池施工条件等，采用浮桥来模拟引航道边墙，浮桥长 40m、宽 1m，浮桥上面布设船栓、防撞筒等配件。浮桥由浮箱拼接而成，由高分子聚乙烯材料制作。其中，单个浮箱尺寸为 50cm×50cm×40cm，每平方米浮箱承载力为 350kg，满足上面铺设制动小车轨道、小车等设备承载力的要求。

2）船模设计

升船机模型采用铁皮制作，制成后按照设计水深 3.5m 进行配重。示例船舶采用 3000 吨级安吉 209，采用铁皮和松木制作，船模制成后按照排水量进行配重。推船船模也采用铁皮和松木制作，船模制成后也按照排水量进行配重。

此外，采用数值模拟方法，初步估算助推船-推船入厢双船阻力，不同航速下双船总阻力和推船所需功率如表 5-1 所示。

表 5-1　船模阻力

航速/(m/s)	推船阻力/N	助推船阻力/N	双船总阻力/N	功率/W
0.5	0.3291	0.0904	0.4195	0.2098
1.0	1.1784	0.3331	1.5115	1.5115
2.0	4.2106	1.2824	5.4930	10.9860

由此，根据计算结果，推船所需功率较小，仅需在推船裸船模上安装马达、遥控装置即可。

3）制动小车系统设计

牵引小车主要对助推船前进方向起辅助作用，确保直线运动，以及在助推船有制动需求时提供额外制动力。牵引小车在牵引轨道上行驶，其与轨道为配套安装。此外，牵引轨道宽约 0.5m，牵引小车宽 0.6～0.7m，主要通过两种方式实现制动过程，即远程操控和人工制动，具体制动方案可在实际试验过程中进行调整。

5.6　小　　结

本章针对复杂水动力环境下长航槽双船组合水动力及智能助推系统，以通航效率、航速可控、航向稳定、路径可控为总体目标，引入驳运操纵理念，结合现有船舶进出船厢机械牵引/电动助推技术，在前期研究的基础上，通过开发船舶组合连接自动抓钩受力建模与预报技术、牵引小车钢丝绳张力建模与预报技术，形成助推船顶推/拖带被助推船进出船厢机械牵引/电动助推策略，提出船舶水动力智能航行下助推船顶推/拖带过厢船舶进出船厢机械牵引/电动助推顶层设计，解决船舶过厢耗时长、效率低等问题，有助于实现三峡升船机稳定高效运行，显著提升船舶进出船厢的安全性与效率，主要结论如下：

（1）助推船顶推/拖带被助推船进出船厢机械牵引/电动助推策略旨在需求牵引、聚焦前沿、突破瓶颈。

（2）船舶水动力智能航行下助推船顶推/拖带过厢船舶进出船厢机械牵引/电动

助推顶层设计旨在探索，具有突出原创性。

助推船顶推/拖带被助推船进出船厢机械牵引/电动助推策略涉及两大展望方向。

(1)针对长航槽双船组合船舶水动力物理模型，通过长航槽双船组合电动助推示范模型试验设计，研制1:10三峡升船机上游引航道-上闸首-升船机示范物理模型，全景展示高跌差水位狭长航道船舶进出、助推船助推船舶进出船厢过程。

(2)针对长航槽双船组合的船舶水动力数学模型，涉及机械牵引/电动助推岸壁效应下船-抓钩-船非线性运动预报关键技术，以及引航道限制水域岸壁效应下助推船水动力性能分析、运动响应高精度快速预报技术(单船；预估牵引小车控制速度、控制方向钢丝绳张力)；引航道限制水域岸壁效应下两船刚性抓钩连接复杂流场干涉效应预报技术(双船；预估对接自动抓钩受力)；高跌差水位波动效应等效技术；高跌差水位下考虑岸壁效应的船-船非线性运动预报技术；对接自动抓钩受力高精度建模与预报技术；系泊小车钢丝绳张力建模与预报技术，如图5-10所示。

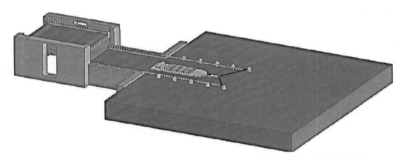

图 5-10　长隧道双船组合机械牵引/电动助推助推船出船厢架构

例如，为控制速度、控制方向牵引钢丝绳张力预报(过厢单船，见图5-11)，以典型过厢三类单船为研究对象，开展大幅度水位波动、不同水深吃水比、不同船岸间距的船舶纵向阻力、横向阻力与转艏力矩数值模拟，并与自主设计试验装置结果进行比较，制定助推船最大阻力安全界限，精确确定控制速度、控制方向牵引钢丝绳张力。

再如，高跌差水位下考虑岸壁效应的船-船非线性运动预报技术(直航，见图5-12)，为对接自动抓钩受力预报(两船纵向)，通过考虑船间效应如水深、纵距、船型、船速、岸壁效应等，开展开阔域船-船复杂流场数值模拟(静水；带航速)；限制水域岸壁效应的船-船复杂流场数值模拟(静水；带航速)；高跌差水位下含岸壁效应的船-船非线性运动预报(带航速；175m丰水期；145m枯水期)；高跌差水位下含岸壁效应的船-船系泊非线性运动响应预报(零航速；与试验结果比较)。

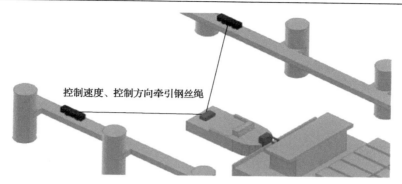

图 5-11　牵引小车控制速度、控制方向钢丝绳布置架构

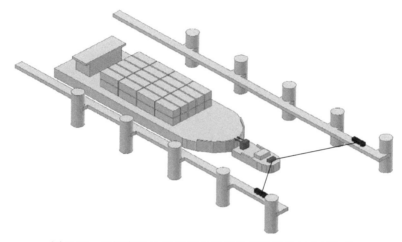

图 5-12　机械牵引/电动助推助推船拖带被助推船出厢架构

又如，对接自动抓钩受力模型与预报技术（图 5-13），通过考虑助推船布置伸缩型自动机械抓钩，抓钩抓取位置安置于被推船尾部船舷，同时假设钢丝绳与被推船以一定角度刚性铰接，基于张紧式系泊原理，拟采用静力学模型和集中质量法模型两种模型求解被推船对接自动抓钩受力。

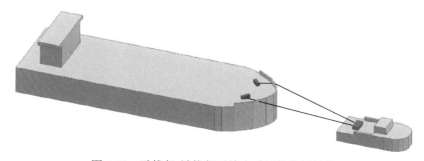

图 5-13　助推船-被推船对接自动抓钩布置结构

参 考 文 献

[1] 齐俊麟. 机械牵引协助船舶进出船闸技术论证[J]. 船海工程, 2017, 46(4): 215-219.

[2] 胡亚安, 王新, 陈莹颖, 等. 三峡升船机 145m 水位上游对接厢内水面波动特性实船试验研究[J]. 水运工程, 2020, (12): 1-6.

第6章　基于聚合模型的船舶进出船厢响应快速预报

6.1　引　　言

为实现建立面向三峡升船机考虑船舶进出船厢限制水域浅水与岸壁效应、高跌差水位波动与盲肠航道效应，以及船间效应影响的船舶非线性水动力建模理论与数值方法，鉴于三峡升船机船舶进出船厢船舶流动与船舶运动面临的内外部环境异常复杂，CFD大规模数值仿真存在耗时长、效率低等瓶颈难点，传统近似模型基于单一机器学习精度会降低，按照试验设计与数据预处理、聚合模型构建、预报结果评估与验证主要技术路线，构建基于机器学习聚合模型的三峡升船机船舶进出船厢船舶非线性运动快速预报方法(图 6-1)。

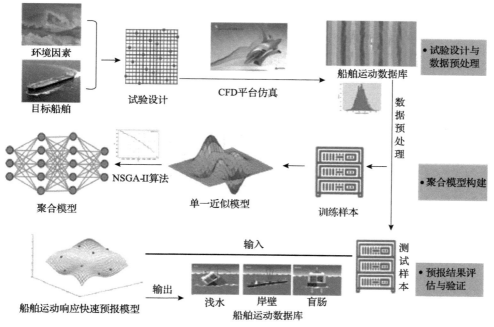

图 6-1　基于机器学习聚合模型的船舶进出船厢船舶非线性运动快速预报架构

该方法引入了模型评估准则，通过设计考虑浅水与岸壁效应、盲肠航道与高跌差水位波动效应等影响的正交试验,结合基于多重网格预估-修正迭代加速 CFD

技术，开发机器学习聚合模型技术（如克里金（Kriging）插值模型、径向基函数插值模型、支持向量回归（support vector regression, SVR）模型、人工神经网络模型等），提出并发展基于遗传优化算法的近似聚合模型，构建高跌差水位波动幅值高精度快速预报方法，实现三峡升船机船舶进出船厢限制水域非线性运动响应快速预报（图6-2）。

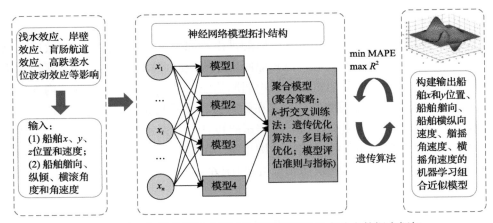

图 6-2　基于机器学习聚合模型的船舶智能助航水动力数据库框架

MAPE 为平均绝对百分比误差；R^2 为决定系数

由此，为突破传统近似模型基于单一机器学习降低精度的难点，以环境变量为输入，以系统动态响应为输出，构建输入参数（如高跌差水位波动等）与输出参数（如船舶运动响应幅值等）响应关系的环境模型、船舶强非线性运动的输入/输出函数映射关系，避免大规模数值分析耗时长、效率低的局限性。同时，解决传统机器学习建模的过拟合、泛化性差和超参敏感度高等问题，结合基于聚合理念的快速建模技术，提升模型的泛化性和稳健性，实现瞬时、非线性船舶流体作用力的快速和准确预报。

引入模型评估准则，通过开发人工神经网络模型、支持向量回归模型、克里金插值模型、径向基函数插值模型等机器学习技术，结合 4-折交叉训练法和 NSGA-II 优化算法优化模型参数，提出并发展一种基于遗传优化算法的近似聚合模型机器学习方法，总体性能优于单一机器学习模型（如高精度、强稳定性等）。在此基础上，通过设计考虑波浪激励交互影响的船舶运动正交试验，结合基于多重网格预估-修正迭代加速的 CFD 技术、基于遗传优化算法的机器学习聚合模型，建立高跌差水位波动下船舶运动响应快速预报系统，实现复杂环境下船舶运动响应幅值快速准确预报。

6.2　基于遗传优化算法的近似聚合模型

鉴于单一机器学习易出现数据病态、超参数敏感度高等问题，结合克里金插值模型、径向基函数插值模型、支持向量回归模型、人工神经网络模型等单一机器学习模型，提出基于遗传优化算法的近似聚合模型方法，旨在建立船舶进出船厢限制水域助推船-被助推船的输入/输出函数映射关系，确保船舶受力及运动响应快速预报，实现多模型动态加权策略，提升模型学习与有效综合性能。

为实现高跌差水位波动幅值高精度快速预报，制定了基于遗传优化算法的近似聚合模型的典型样本集技术路线，如图 6-3 所示。

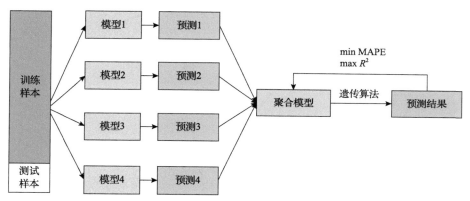

图 6-3　基于遗传优化算法的近似聚合模型的快速预报技术路线架构

首先，通过规划训练样本、测试样本，依托正交试验设计设置工况，建立输入水深及溃坝高与长等、输出进厢处水面升高幅值的机器学习聚合近似模型。

其次，归纳分析与总结现有机器学习算法的国内外研究进展，应用经典的克里金插值模型、径向基函数插值模型、支持向量回归模型以及人工神经网络模型等机器学习算法，开发四种单一机器学习模型技术。

再次，引入模型评估准则与指标，如平均绝对百分比误差 MAPE、决定系数 R^2 等，同时开发 4-折交叉训练法，开展样本预处理与模型训练；进一步地，引入聚合学习理念，开发 NSGA-II 优化算法。

最后，通过优化获得模块阈值，构建线性加权组合，形成聚合模型，实现高跌差水位波动幅值高精度快速预报。

6.2.1　单一机器学习模型

本节分别简单扼要阐述 BP 神经网络（back propagation neural network, BPNN）模型、支持向量回归模型、克里金插值模型以及径向基函数插值模型。

1）BP 神经网络模型

以三层或三层以上为核心元素的黑箱传播(BP)神经网络模型[1]属于多层神经网络模型，每一层都由若干个神经元组成。理论上，BP 神经网络基本结构通过正向获得输出，通过反向调节参数，三层 BP 神经网络结构如图 6-4 所示。

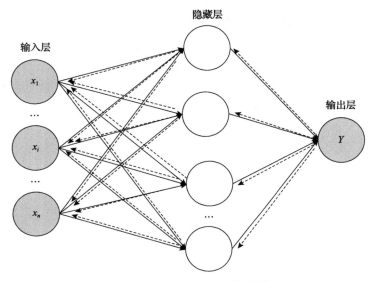

图 6-4　三层 BP 神经网络结构

为修改权值和阈值，引入三层 BP 神经网络，以实际输出与目标向量之间的误差为目标函数，确保网络输出层误差平方和最小，具有优良多维函数映射能力，解决简单感知器面临难点，形成一种按误差反向传播的多层前馈网络。

同时，计算中需设置网络层数、网络节点数、训练函数和传递函数等参数，一般依据文献和经验确定。

2）支持向量回归模型

支持向量回归模型[2]采用合适核函数代替高维空间向量内积，通过在特征空间中寻找非线性映射构建回归函数，实现非线性问题求解。计算复杂度仅取决于支持向量(非整个样本空间)，避免维数灾难，具有算法简单且鲁棒性较强的特点，能够较好地处理小样本、高维度、非线性和局部极小点等实际问题。

支持向量回归模型数学形式表示为

$$f(x) = \sum_{i=1}^{l} (\alpha_i - \alpha_i^*) K(x_i x) + b \tag{6-1}$$

式中，α_i 和 α_i^* 为拉格朗日乘子；K 为核函数；b 为回归函数偏移量。

3）克里金插值模型

以全局回归模型、随机相关函数组合为核心元素的克里金插值模型[3]依据变量相关性、变异性等，在有限区域内构建已知信息动态链，充分考虑变量在空间上的相关特征，通过对区域化变量取值，结合无偏最优估计，形成一种基于统计理论的半插值技术，具有局部和全局的统计特性，理论分析已知信息的趋势和动态，实现利用克里金插值模型对样本点数据的精确插值。

克里金插值模型表达式为

$$y(x) = f(x) + z(x) \tag{6-2}$$

式中，$f(x)$ 为确定性部分，代表对设计空间的全局近似；$z(x)$ 为随机过程，代表对全局近似的背离。

4）径向基函数插值模型

以欧氏距离实函数为核心元素的径向基函数插值模型[4]，通过引入核函数，实现数据局部化特征。

径向基函数一般采用高斯核函数，其基本形式为

$$\varphi_i(x) = \exp\left(-\frac{\|x - c_i\|^2}{2\sigma_i^2}\right), \quad i = 1, 2, \cdots, m \tag{6-3}$$

式中，x 为 n 维输入向量；c_i 为核函数中心点；σ_i 为第 i 个感知变量（控制函数中心点影响范围和高斯函数形状，决定函数径向范围）；m 为感知单元个数。

理论上，径向基函数神经网络具有唯一最佳逼近特性，可有效避免神经网络易陷入局部极小值问题，具有较强的分类能力，模型收敛速度快。然而，径向基函数神经网络也存在局限性，即过于依赖核函数中心点选取，尤其当训练样本增多时，径向基函数神经网络的隐藏层神经元数会大量增加，使网络模型较为复杂。

6.2.2　模型评估准则与指标

为确保构建模型的预报精度、效率和稳定性，引入评价模型性能指标与准则，如平均绝对百分比误差 MAPE 和决定系数 R^2。

模型评估指标公式为

$$\text{MAPE} = \frac{100}{N}\sum_{i=1}^{N}\left|\frac{y_i - \hat{y}_i}{y_i}\right|, \quad R^2 = 1 - \sum_{i=1}^{N}(y_i - \hat{y}_i)^2 \Big/ \sum_{i=1}^{N}(y_i - \bar{y})^2 \tag{6-4}$$

式中，N 为样本数量；$\bar{y}$ 为平均和，$\bar{y} = \frac{1}{N}\sum_{i=1}^{N}y_i$；$\hat{y}_i$ 和 y_i 分别为样本第 i 个模型

的预报值和真实值。

理论分析表明，平均绝对百分比误差 MAPE 越接近于零，预报值与真实值之间的误差越小，意味着模型预报结果越精确。此外，由于决定系数 R^2 定义因变量完全变异与自变量回归关系的解释比，决定系数 R^2 越接近于 1，代表因变量解释程度越高，预测目标变量越精确，回归模型效果越显著。

6.2.3　交叉验证

k-折交叉验证(k-fold cross validation)方法重复使用样本数据，通过切分组合数据为不同训练样本、测试样本，确保数据使用效率高，显著降低过拟合问题(由于训练方法将样本数据多次划分)，实现训练后预测模型泛化能力、超参数值鲁棒性。

k-折交叉验证方法的基本理念为：通过引入 k-折交叉，将样本数据随机分为 k 份(其中，k–1 份为训练样本，剩余 1 份为测试样本)，实施测试，同时重新随机选择不同 k–1 份为训练样本构建模型，剩余 1 份样本进行测试。如此循环，对所建模型进行评估。

为此，依据样本数据，取 k=4 进行交叉验证，训练流程如图 6-5 所示。

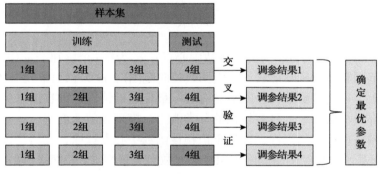

图 6-5　4-折交叉验证流程

6.2.4　遗传优化算法

以求解多目标优化问题为核心的遗传优化算法(NSGA-II)通过结合快速非支配排序技术，建立一种基于帕累托最优解的遗传优化算法，该优化算法具有结构简单、求解速度快等显著特性。

同时，设计精英策略(操作模块选择中)如通过父代种群(产生子代种群)、淘汰部分劣质个体，确保 N 个优秀个体(通过父代种群、子代种群中所有个体竞争获得)，实现最优近似解。在此基础上，通过首次引入拥挤度指标定义，衡量某个个体周围拥挤程度(在同一非支配层中)，可改善同一支配层面的种群多样性，高效提升算法的运行速度,避免个体过度集中,陷入局部最优解。

由此,通过优化确定四个子模型(克里金插值模型、径向基函数插值模型、支持向量回归模型、BP 神经网络模型)的阈值,构建线性加权组合,形成如下形式的聚合模型:

$$f = \sum_{i=1}^{4} k_i \cdot \text{model}_i, \quad \text{where} \sum_{i=1}^{4} k_i = 1, \quad 0 < k_i < 0.5 \tag{6-5}$$

式中, k_i 为模型 i 对应的权重系数; model_i 为模型 i 的预测结果。

为此,利用遗传优化算法对各模型权重进行寻优,提升聚合模型的预报精度,同时根据不同类型的数据集进行权值动态调整,具有一定的通用性。

训练过程中代理模型优化目标为平均绝对百分比误差 MAPE 最小、决定系数 R^2 最大。其中,优化变量为模型权重系数,对于 4 个单一模型,自变量有 3 个,分别为模型权重系数 (k_1, k_2, k_3) ,表示为

$$\begin{cases} \min \text{MAPE} \\ \max R^2 \\ \text{s.t.} \ \sum_{i=1}^{4} k_i = 1, \quad 0 < k_i < 0.5 \end{cases} \tag{6-6}$$

式中, $\text{MAPE} = \max \left(\left| (y_1 - \hat{y}_1) / y_1 \right|, \left| (y_2 - \hat{y}_2) / y_2 \right|, \cdots, \left| (y_N - \hat{y}_N) / y_N \right| \right)$ 。

优化流程如图 6-6 所示。

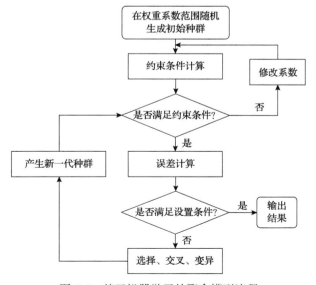

图 6-6　基于机器学习的聚合模型流程

通过确定各模型的权重系数，对新测试样本进行预报：输入待测样本 x、组合模型；输出 x 预报值。

例如，采用模型 1 预报样本 x 预报值 model_1；采用模型 2 预报样本 x 预报值 model_2；采用模型 3 预报样本 x 预报值 model_3；采用模型 4 预报样本 x 预报值 model_4，计算 $\text{prediction} = \sum_{i=1}^{4} k_i \cdot \text{model}_i$，将 prediction 作为样本 x 的最终预报值。

6.3   聚合模型应用与验证

本节以两个典型场景(场景 1：波浪中破损船模非线性运动响应预报；场景 2：高跌差水位波动幅值快速预报)为例,开展基于机器学习的近似聚合模型可行性验证和预报精度分析。其中,对于场景 1,波浪中破损船模运动响应预报采用数学模型(如基于多重网格预估-修正迭代加速的 CFD 技术),以获得高精度样本点;对于场景 2,高跌差水位波动幅值快速预报采用物理模型(如基于多次重复试验数据),以确定高精度样本点。

6.3.1   正交试验设计

正交表设计试验是一种高效、快速且经济的多因素试验设计方法,依据正交性原理,通过挑选有代表性的点,实现以最少试验次数达到与大量全面试验等效的结果,显著提升试验效率。

图 6-7 为样本点平面散布图。其中,纵坐标为无因次波陡。

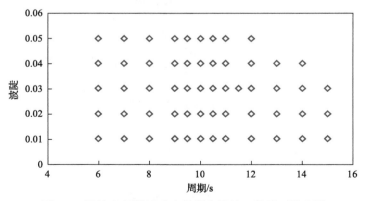

图 6-7   横浪中船舶运动响应样本设计工况平面散布图

采用破损船模试验数据,考虑横浪中船舶零航速下,结合工况(5 波陡、12 周期)进行正交试验设计,形成预报波浪中破损船模运动响应计算工况(图 6-7)。同时,采用高跌差水力波试验数据,通过改变水箱内水柱高,测量不同水柱高度下船厢进口端最大水位变化,预先设定工况,获得船厢与引航道交界处的最大水位(图 6-8、图 6-9)。进一步地,样本训练过程中,抽取 100 组试验数据(原始数据),其中 79 组作为训练样本,21 组作为测试样本,最大水位波动试验结果如图 6-10 所示。

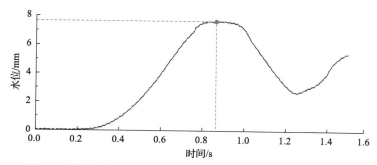

图 6-8　高跌差水位波面升高时历曲线实验结果(水柱高 30mm)

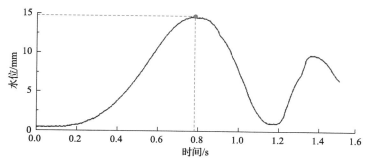

图 6-9　高跌差水位波面升高时历曲线实验结果(水柱高 50mm)

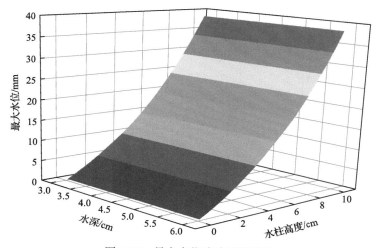

图 6-10　最大水位波动试验结果

6.3.2 波浪中船舶横摇运动响应快速预报

为验证基于遗传优化算法的聚合近似模型的可行性、精度与鲁棒性，本节首先开展基于 CFD 前沿技术的破损船舶横摇运动响应预报，提供高质量样本点。以典型船模为例，为捕捉破损舱室附近湍流涡团与分离流、舱室内自由液面卷曲与破碎等非线性现象，构建动态重叠网格，开展破损船舶横摇运动响应预报。

图 6-11 为横浪中破损船横摇运动响应幅值算子数值计算与试验结果比较。

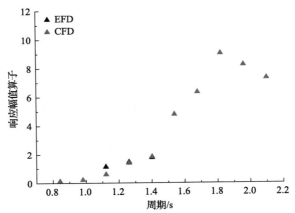

图 6-11　横摇响应幅值函数试验与数值模拟比较
零航速；波陡为 0.02；目标破损船

结果分析表明，通过预估横浪中破损船舶横摇运动响应幅值算子，横摇响应幅值函数测量结果与数模预报总体趋势吻合，验证了多重网格预估-修正迭代加速的 CFD 建模技术的可行性与精度。

图 6-12 为横浪中船舶运动响应样本设计工况分布。

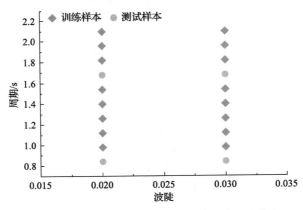

图 6-12　横浪中船舶运动响应样本设计工况分布

从波陡为 0.020 和 0.030 横浪中破损船舶横摇运动响应样本中随机抽取 20 组原始数据，规划 16 组作为训练样本，剩余 4 组作为测试样本。其中，波陡 0.020 下设置波浪周期为 1.26s 和 1.68s 两个测试样本，波陡 0.030 下设置波浪周期为 0.84s 和 1.68s 两个测试样本。

图 6-13 为在两波陡横浪中，破损船舶横摇运动响应预报的聚合模型预测值与 CFD 数值仿真结果对比。表 6-1 为船舶横摇运动响应幅值预报模型性能对比。

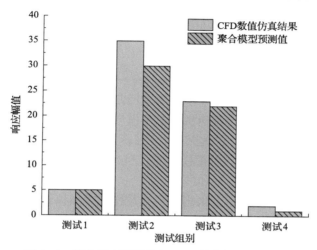

图 6-13　聚合模型预测值与 CFD 数值仿真结果对比

表 6-1　船舶横摇运动响应幅值预报模型性能对比

评价指标	BP 神经网络模型	支持向量回归模型	径向基函数插值模型	克里金插值模型	聚合模型
R^2	0.8086	0.8854	0.9366	0.9256	0.9606
MAPE/%	60.4843	119.4498	29.8413	27.5532	5.6790
训练耗时/s	1.41	0.01	0.01	0.02	4.75

模型预测结果分析表明，相较于单一机器学习模型，采用聚合模型预报结果与 CFD 数值仿真结果更吻合；四种单一机器学习模型中，克里金插值模型的预报精度最高且预报平均相对误差最小；聚合模型通过加权求和搜索最优权重，显著提高了模型整体预报精度。

进一步分析表明，与四种单一机器学习模型相比，聚合模型的平均绝对百分比误差 MAPE 仅 5.6790%，决定系数 R^2 为 0.9606，呈现出了更高精度、更强稳定性的特点。

显然，计算中采用优化算法会消耗一定的时间成本，但对于复杂样本，以及工程实际中的不确定性，聚合模型具有更好的稳定性和预测能力。此外，在快速预报方面，基于遗传算法聚合模型方法能准确预测破损船模横摇运动响应幅值，且总时长比 CFD 数值模拟减少至少 1 个量级。

6.3.3 高跌差水位波动快速预报

对高跌差水位波动进厢处水面升高幅值快速预报，通过网格搜索方法调整四种单一机器学习模型的参数（表 6-2），以达到聚合模型的预报精度。

表 6-2   四种单一机器学习模型的超参数设置

模型	多项式回归模型	支持向量回归模型		径向基函数插值模型		克里金插值模型
	多项式阶数	松弛因子 C	核函数	核函数	epsilon	优化器
参数	2	1	径向基	高斯函数	0.1	遗传优化

对于多项式回归模型，选用二阶多项式回归模型对非线性较强的样本点进行分析，并作为基本模型便于与其他机器学习模型进行性能比较。

对于支持向量回归模型，松弛因子 C、核函数是其结构参数的主要组成部分，松弛因子 C 代表模型对离群点的重视程度。因此，选用拟合效果较好的径向基核函数，C 取 1。

对于径向基函数插值模型，采用高斯函数作为模型核函数，核心理念是将每一个样本点映射到一个无穷维特征空间，以达到数据线性可分的效果。

由于克里金插值模型无须复杂调参，应用过程中仅需选取相关函数，采用目前常用的进化算法优化器对数据集进行分析。

图 6-14 和图 6-15 分别为聚合模型和四种单一机器学习模型预测值与试验结果（EFD）比较。结果分析表明，四种单一机器学习模型都较好地预报了数据趋势；

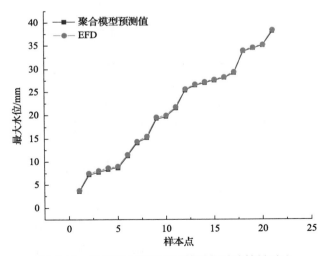

图 6-14   近似聚合模型预测结果与试验结果对比

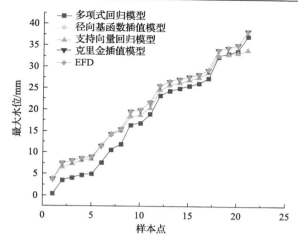

图 6-15　四种单一机器学习模型预测结果与试验结果对比

其中，多项式回归模型的预测精度最低，径向基函数插值模型和克里金插值模型的预测精度较高。与四种单一机器学习模型预测结果相比，聚合模型预测结果与试验流体计算结果十分吻合。

进一步地，结合五个模型预测性能对比结果(表 6-3；图 6-16)，分析表明，

表 6-3　机器学习模型性能评价指标对比

评价指标	多项式回归模型	支持向量回归模型	径向基函数插值模型	克里金插值模型	聚合模型
R^2	0.9213	0.9826	0.999	0.999	0.9995
MAPE/%	22.0508	4.8163	1.71	1.7022	1.7016
训练耗时/s	0.2	0.2	5	10	15

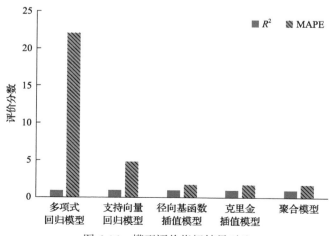

图 6-16　模型评价指标结果对比

四种单一机器学习模型精度均达到 92% 以上，其中径向基函数插值模型、克里金插值模型在训练数据时耗时较长，但其预报结果相对误差低于 2%。与单一机器学习模型相比，聚合模型充分利用四种单一机器学习模型的优势，达到预测精度最高、相对误差最小的效果，且由于给四种单一机器学习模型分别加上了不同的权重，确保聚合模型的泛化性能更优、稳定性更强，同时也能实现快速预报。

6.4　小　　结

本章针对三峡升船机船舶进出船厢的非线性运动快速预报问题，对人工智能近似模型进行了较为全面的分析，提出并发展了基于遗传优化算法的近似聚合模型，并以两个典型场景(场景 1：波浪中破损船模非线性运动响应预报；场景 2：高跌差水位波动幅值快速预报)为例，对四种单一机器学习模型如克里金插值模型、径向基函数插值模型、支持向量回归模型、BP 神经网络模型，通过优化加权阈值和线性加权组合，构建高跌差水位波动典型位置幅值高精度快速预报模块，验证了基于机器学习的近似聚合模型的可行性及预报精度。

结果分析表明，四种单一机器学习模型精度均达到 92% 以上；相对于其他单一机器学习模型，径向基函数插值模型、克里金插值模型预报精度较高(相对误差低于 2%)，但训练数据耗时较长。

总之，一方面通过优化阈值，聚合模型充分发挥各单一机器学习模型特点，获得预报精度最高、相对误差最小的效果；另一方面，聚合模型解决了传统机器学习模型的过拟合、泛化性差和超参敏感度高等问题，提升了模型稳定性，为后续三峡升船机船舶进出船厢的非线性运动高效精确预报提供了支持。

参 考 文 献

[1] 陈爱国, 叶家玮. 基于神经网络的船舶阻力计算数值实验研究[J]. 中国造船, 2010, 51(2): 21-27.

[2] 罗伟林, 邹早建. 应用支持向量机的船舶操纵运动响应模型辨识[J]. 船舶力学, 2007, 11(6): 832-838.

[3] 王刚成, 马宁, 顾解忡. 基于 Kriging 代理模型的船舶水动力性能多目标快速协同优化[J]. 上海交通大学学报, 2018, 52(6): 666-673.

[4] 师超, 刘长德, 韩阳. 基于 RBF 神经网络的船舶操纵性预报[C]. 第十四届全国水动力学学术会议暨第二十八届全国水动力学研讨会, 长春, 2017: 1342-1347.

第7章 船舶进出船厢牵引技术

7.1 引　言

为缩短船舶通过升船机的时间，提高升船机的运行效率，弥补船舶驾驶人员技能水平的不足，船舶可借助外部拖曳系统进出船厢。在拖曳过程中，其核心是将拖船与被推船在短时间内进行有效连接，以实现船舶进出船厢高效牵引。

在实际操作中，通过升船机调度系统指挥待过厢船舶从升船机上游或下游引航道航行至上游或下游靠船墩停泊系缆，并通过牵引系统或电动推轮与船舶快速对接，进而实现船舶快速进出船厢。在这个过程中，电动推轮与被推船舶之间的水动力干扰不可忽略。电动推轮协助船舶航行的方式主要有吊拖和顶推两种方式，对于不同排水量、船型、顶推方式/拖缆长度、限制水域、环境等影响下的助航方式，不仅要考虑被拖船水动力性能、电动推轮水动力性能、环境干扰力，同时还要考虑各因素之间的耦合影响，这些因素会导致牵引航行时操作方法不同。要做到电动推轮协助船舶灵活快速进出船厢，既要掌握大船及电动推轮单独的操纵特性，也要掌握两者组合操纵性的运动特性。

本章针对电动推轮推/拖大型船舶航行时两船之间相互干扰的问题，对两船相对运动水动力性能进行数值模拟计算，并设计两套升船机牵引系统方案。

7.2　船舶进出船厢受力分析

2011 年工业和信息化部颁布的《干船坞设计规范》(CB/T 8524—2011)[1]介绍了一种牵引力的计算方法，具体如下：

$$T_0 = 0.5\alpha_f \left(\frac{GV_1}{gt} + 3.6S \times 10^{-3} \right) \tag{7-1}$$

式中，T_0 为牵引力，kN；α_f 为阻力系数，一般取 1.3～1.5；G 为船舶重力；V_1 为船舶航速；t 为船舶启动时间，一般取 30～60s；S 为船舶水上部分侧向受风面积。

李文岩[2]认为式(7-1)中的参数取值范围较大，选择不同的参数得到的牵引力结果间差值明显，使该公式的结果对于小车的选型提供的区间很宽，在实际设计过程中提供的参考不足。

式(7-1)将阻力笼统地以一阻力系数表示，而在现实情况中，阻力系数会随着船舶与航道的相对尺寸发生明显的变化，对大型船舶而言，阻力系数可能成倍增加，而公式中提供的阻力系数的范围只在 1.3～1.5。浮船坞服务的船舶往往尺度较大，其雷诺数也会比通过三峡升船机的内河船舶的雷诺数大，对船舶阻力而言，雷诺数越大，阻力系数越小，因此忽略大型船舶的阻力求得的牵引力结果与真实值误差较小。式(7-1)不适用于小型内河船舶的牵引系统的牵引力计算，因此需要针对船舶与牵引系统之间的相互关系分析牵引力的计算方法。

　　本节主要讨论船舶在升船机航道航行时所需牵引力的计算，分别对进出船厢限制水域船舶的阻力和横向力计算方法进行分析，然后进行阻力和横向力的船模-实船换算。

7.2.1　升船机航道船舶阻力计算

1)计算对象与工况

　　根据《三峡升船机通航船舶船型技术要求(试行)》，允许通过三峡升船机的船舶最大吃水控制为 2.7m，最大排水量控制为 3000t，最大总长控制为 100m，最大总宽控制为 17.2m。在不超过规范限定的船舶主尺度要求下，尽可能地提高船舶的尺度，以得到极限条件下的计算工况，选取典型升船机船型为研究对象，通过单轴缩放，船模主要要素达到规范的最大尺度，船模主要参数如表 7-1 所示，船模型线与几何模型如图 7-1 所示。

表 7-1　船模主要参数

主要参数	数值
垂线间长 L_{pp} /m	2.1800
型宽 B /m	0.3200
吃水 T /m	0.0540
方形系数 C_b	0.6296
型排水量 Δ /t	0.3767
设计航速 V_s /(m/s)	0.0710
模型缩尺比 λ	50

图 7-1　船模示意图

船模坐标系原点位于艏垂线处，计算域 x 轴的原点位于浮式导航墙与上闸首的交界面处，计算域模型缩尺比与船模一致。计算域集合模型参考三峡升船机总体布置，其主要要素如表 7-2 所示，计算域几何模型和示意图如图 7-2 和图 7-3 所示。

表 7-2　计算域要素表

尺度	数据
上闸首宽度/m	0.36
上闸首长度/m	2.60
承船厢宽度/m	0.36
浮式导航墙长度/m	2.60
承船厢航道长度/m	2.40
承船厢航道水深/m	0.07

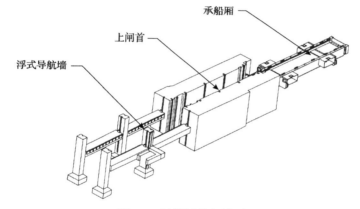

图 7-2　计算域几何模型

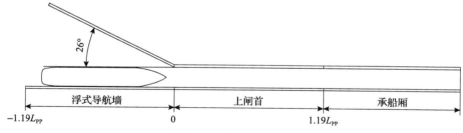

图 7-3　计算域示意图

2）相关计算方法

本章采用的数值计算方法在边界条件的选择上除顶面外其余边界均选择壁面边界条件；湍流模型选用 SST k-ω 模型，壁面采用近壁面模型；选择 VOF 模型捕捉自由液面；最终的时间步长保持在 1×10^{-2}s，收敛条件选择残差小于 1×10^{-5}；完全约束船舶的运动，锁定船舶的 6 自由度，在定义网格运动时赋予船舶一个 2s 的加速时间，2s 后定义船舶为匀速运动，网格的合并系数与分裂系数均为 0.5；RANS 方程的求解采用基于压力基的耦合算法，空间中的离散采用中心差分法，时间离散采用一阶隐式。

3）船模阻力计算结果

取船模开始沿着浮式导航墙进入直至完全进入这一段区域，分析图 7-4 中船模阻力在不同位置的分布发现，当船模开始驶入上闸首时（$X > 0$），由于过渡引航道的逐渐收缩，船模初始阻力缓慢增加；当船模部分进入上闸首时，由于水深迅速变浅，船模阻力出现快速增加，当船模逐渐靠近承船厢厢门时，船模阻力开始降低，整体上类似航道形状变化对船舶阻力的影响规律。

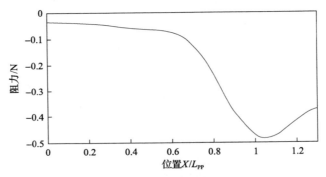

图 7-4　船模驶入三峡升船机航道阻力分布图

7.2.2　船模横向力分析

图 7-5 为不同位置的船模横向力分布，当船舶开始进入上闸首时，横向力迅速增加，在船艏经过上闸首与浮式导航墙的交界面（$X > 0.5L_{PP}$）后，船模横向力开始减小，之后趋向于 0。

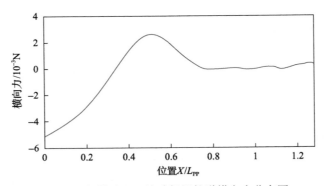

图 7-5　船模驶入三峡升船机航道横向力分布图

　　分析图 7-3 中的航道形状与图 7-6 中 $X = 0.5L_{pp}$ 处上闸首与浮式导航墙交界面处速度分布云图发现，由于船舶在上闸首航行时，水深吃水比与局部的截面处断面系数较大，导致船舶的附加流场的回流效应偏小；航道形状虽然随着船舶的驶入是逐渐收缩的，但是相较于巴拿马船闸航道而言，三峡升船机航道形状变化相对缓慢，在两者的共同作用下，船舶左右舷附近流场速度差值较小，从而使船模的横向力相对较小。

图 7-6　$X = 0.5L_{pp}$ 处上闸首与浮式导航墙交界面处速度分布云图

7.2.3　实船受力换算

　　通过计算流体力学计算得到的是船模的受力，而牵引力的计算需要得知实船的受力情况，因此本节讨论船模与实船的受力换算方法。

　　1)阻力换算方法

　　船模与实船的弗劳德数较小，认为兴波阻力可以忽略，总阻力等同于黏性阻力，所以使用基于三因次的换算方法求得实船阻力。三因次换算方法认为，实船的摩擦阻力与黏压阻力的比值为常数，要想求得实船总阻力，需要先求得实船的摩擦阻力。许立汀的中间速度理论认为，由于速度回流的存在，限制水域中航速为 V 的船舶阻力等于无限水域中航速为 $V_c = V - \Delta V$ 的船舶阻力，ΔV 为回流速度，V_c 为中间速度。要想求得实船阻力，需要先求得实船的回流速度。通过 CFD 后处理可以得到船模表面附近的速度矢量分布，但流场矢量分布非常不规则，因此无法通过数值计算方法直接求出船模附近流场的回流速度。已知船模的摩擦阻力，而摩擦阻力与中间速度有明确的对应关系，可以通过求解 ITTC 方程求得船舶中间速度，即

$$\frac{\Delta V}{V} = \frac{m_1}{1 - m_1 - F_{nh}^2} + \left(1 - \frac{R_T}{R_T}\right)F_{nh}^{10} \tag{7-2}$$

ITTC[3]在附录中提出阻塞效应下船舶速度回流计算的 8 个修正公式，如式

(7-3)~式(7-10)所示：

$$\frac{\Delta V}{V} = \frac{m_1}{1 - m_1 - F_{nh}^2} + \frac{2}{3}\left(1 - \frac{R_V}{R_T}\right)F_{nh}^{10} \tag{7-3}$$

$$\frac{\Delta V}{V} = K_1\left[\frac{m_2}{1 - m_2 - F_{nh}^2} + \left(1 - \frac{R_V}{R_T}\right)\frac{\Delta V_h}{V}\right] \tag{7-4}$$

$$\frac{\Delta V}{V} = \frac{1.65m_3}{1 - m_3 - F_{nh}^2} \tag{7-5}$$

$$\frac{\Delta V}{V} = K_2\frac{m_3}{1 - m_3 - F_{nh}^2} \tag{7-6}$$

$$\frac{\Delta V}{V} = K_3\nabla A^{-3/2} + BL^2K_4A^{-3/2} \tag{7-7}$$

$$\frac{\Delta V}{V} = 1.1m_1\left(\frac{L}{B}\right)^{3/4} \tag{7-8}$$

$$\frac{\Delta V}{V} = \frac{0.51m_4^{1.05}\left(\frac{2L}{B}\right)^{0.8-4.75m_4}}{1 - F_{nh}^2} \tag{7-9}$$

$$\frac{\Delta V}{V} = \frac{0.85\left(\frac{L}{B}\right)^{3/4}}{1 - F_{nh}^2} \tag{7-10}$$

式中，B 为船宽；L 为船长；F_{nh} 为水深弗劳德数，$F_{nh} = V/(gh)$；K_1、K_2、K_3 和 K_4 为引入的修正因子，其中 K_1 和 K_2 为水深弗劳德数 F_{nh} 的函数，K_3 为 F_{nh} 和 C_b 的函数，C_b 为方形系数，K_4 为船长弗劳德数的函数；m_1、m_2、m_3 和 m_4 分别代表四种不同的阻塞率定义方式，具体如下：

$$m_1 = \frac{a_m}{bh} \tag{7-11}$$

$$m_2 = \frac{a}{bh} \tag{7-12}$$

$$m_3 = 0.5(m_1 + m_2) \tag{7-13}$$

$$m_4 = \frac{4m_1}{\pi} \tag{7-14}$$

式中，a_m 为船模中剖面面积，$a_\mathrm{m} = C_M BT$；b 为航道宽度；h 为水深；a 为船模平均横剖面面积，$a = \nabla / L_{wl}$，L_{wl} 为设计水线长。

雷诺数的特征长度取船模垂线间长 $L_\mathrm{pp} = 2\mathrm{m}$，船模湿表面积 $S = 0.7060\mathrm{m}^2$，流体密度 $\rho = 998\mathrm{kg/m}^3$，船模航速 $v = 0.0707\mathrm{m/s}$，求得的船模中间速度分布如图 7-7 所示。

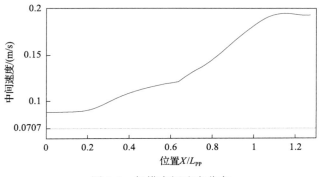

图 7-7　船模中间速度分布

带有 $m / \left(1 - m - F_{nh}^2\right)$ 项的公式是基于平均流理论推导出来的，式 (7-7) ～式 (7-10) 是基于风洞理论考虑了速度随船岸距离变化的影响，其中式 (7-7) 对阻塞率最为敏感，针对船模浮态的阻塞效应影响数值计算分析中认为式 (7-7) 在阻塞率高的工况下的修正结果更好。

无论是哪种修正公式，速度修正比均只与弗劳德数、船型系数和航道系数有关，船模数值模拟保证了船模与实船的弗劳德数、船型系数和航道系数的一致，因此可以认为船模与实船的速度修正比是相同的。在求解得到实船回流速度后，再根据 ITTC 公式即可求得实船的摩擦阻力，如图 7-8 所示。

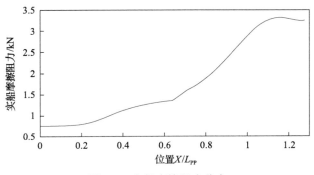

图 7-8　实船摩擦阻力分布

在已知实船摩擦阻力后，只需要求得实船的形状系数 k，就能求得实船的黏压阻力。形状系数 k 只与船型和航道形状有关，三因次换算方法认为弗劳德数相似的船模与实船在同一相对位置处的形状系数是相等的。在已知船模的摩擦阻力与黏压阻力后，就可以求得船模在各个位置处的形状系数，结合已求得的实船摩擦阻力，就可以求得实船的阻力形状系数与实船黏压阻力分布，如图 7-9 和图 7-10 所示。

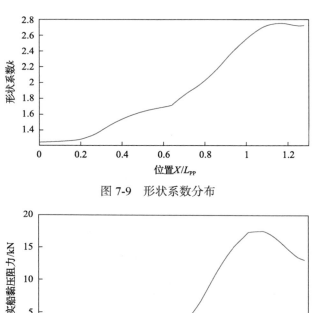

图 7-9　形状系数分布

图 7-10　实船黏压阻力分布

2)横向力换算方法

分析船模的横向力成分可知，由于船舶没有横向的运动，船模横向力绝大部分由压力构成，摩擦阻力占比小于 1%。若套用阻力的换算方法，则压阻力系数由摩擦阻力系数和形状系数共同决定，由于横向力摩擦阻力数值太小，受计算误差的影响，实船的压阻力系数出现明显的振荡，这样的结果是不符合物理规律的。分析式 (7-9) 可知，相较于船舶阻力会直接作用于船舶所需牵引力，船舶横向力以增加导轨摩擦的形式影响牵引力，导轨的摩擦系数较小(仅 0.01)，使横向力对牵引力计算结果的影响较小。对比图 7-4 与图 7-5 可知，由于航道形状的影响，船舶所受横向力较阻力相差一个量级。综上所述，在船模实船横向力换算时，可以认为船模与实船的压阻力系数相等，使用普鲁哈斯卡法，具体换算公式如下：

$$C_{\text{tm}}/C_{\text{fm}} = (1+k) + y\frac{Fr^4}{C_{\text{fm}}} \tag{7-15}$$

式中，C_{tm} 为船模总阻力系数；C_{fm} 为船模摩擦阻力系数；$1+k$ 为形状因子；Fr 为弗劳德数。得到实船横向力分布如图 7-11 所示。

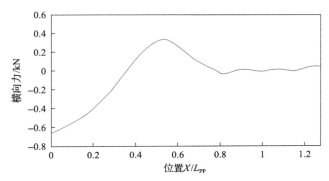

图 7-11　实船驶入三峡升船机航道横向力分布

7.3　两船相对运动受力分析

7.2 节介绍了船舶进出船厢的数值仿真手段，并叙述了船舶阻力和横向力的计算与换算方法。本节在 7.2 节的基础上，重点介绍船舶推拖时船间干扰力的受力分析。

7.3.1　计算工况及船型参数

本节重点计算拖轮与大船在不同间距时的船间干扰力影响，使用的计算模型分别为典型升船机船型 3000t 汽车运输船和全回转拖轮，船型参数如表 7-3 所示，拖轮三维几何模型如图 7-12 所示。

表 7-3　数值计算船模的船型参数

计算模型	船长 L /m	船宽 B /m	船深 T /m	缩尺比 λ
汽车运输船	5.505	0.834	0.135	1:20
拖轮	1.842	0.527	0.165	1:20

计算域根据船舶尺寸变化进行调整，如图 7-13 所示。计算域两侧距离 x 轴约为 $2.2L_{\text{PP}}$，入口处设在 x 轴正方向约 $3L_{\text{PP}}$ 处，出口设在距离船尾足够远处。前船（ship1）为汽车运输船，其弗劳德数 $Fr_1 = 0.344$，后船（ship2）为拖轮，其弗劳德数 $Fr_2 = 0.200$，相对纵向距离 ST 的范围为 $-0.4\sim-0.1$m。

图 7-12　拖轮三维几何模型

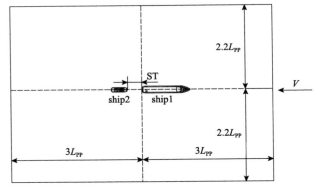

图 7-13　拖轮在不同位置连接前船计算域

7.3.2　计算结果及分析

不同间距下拖轮所受阻力变化如图 7-14 所示。曲线在拖轮距离前船一定距离时出现谷底，在 ST=−0.2～−0.1m 范围，拖轮所受阻力减小，在 ST=−0.3～−0.2m 范围，曲线出现峰谷，阻力达到极小值，然后阻力又反向增大，拖轮受前船尾流影响，整个过程中呈现的计算结构规律为先减小后增大，拖轮在 ST=−0.1m 处，受尾流影响最大，拖轮所受阻力急剧增大。

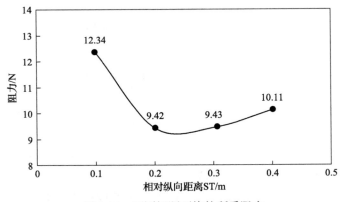

图 7-14　不同间距下拖轮所受阻力

不同间距下汽车运输船所受阻力变化如图 7-15 所示。曲线整体呈上升趋势，在 ST=−0.2～−0.1m 范围，前船所受阻力增大，在 ST=−0.3～−0.2m 范围，曲线变化平缓，阻力变化小，在 ST=−0.4～−0.3m 范围，阻力增大更明显。

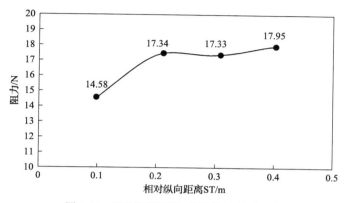

图 7-15　不同间距下汽车运输船所受阻力

图 7-16～图 7-19 分别给出了 ST=−0.1m, −0.2m, −0.3m, −0.4m 四个不同距离下 z=0 平面上的波形图。可以看出，当两船靠近时，两船的间隙处为高速区域。随着两船相隔距离增大，两船间相互影响逐渐减小。

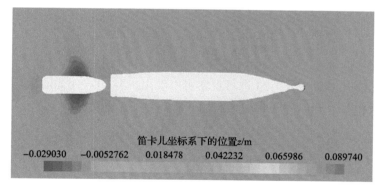

图 7-16　ST=−0.1m 两船间波形图

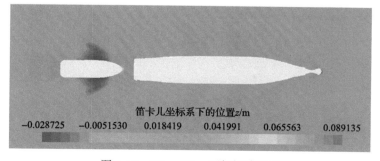

图 7-17　ST=−0.2m 两船间波形图

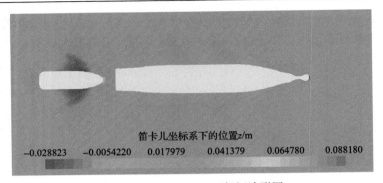

图 7-18　ST=−0.3m 两船间波形图

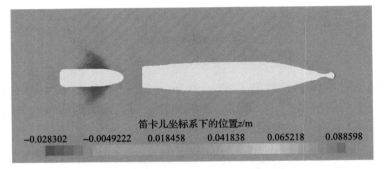

图 7-19　ST=−0.4m 两船间波形图

图 7-20～图 7-24 为 ST=−0.1m，−0.2m，−0.3m，−0.4m 时船体自由水面局部细节图。通过对图 7-20～图 7-24 进行观察可以看出，当 ST=−0.4m 时，两船间相互影响极小，在 ST=−0.1m 间距下，两船间影响最明显。

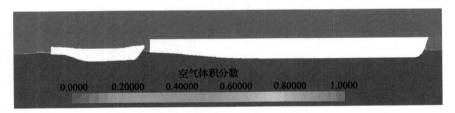

图 7-20　ST=−0.1m 自由水面

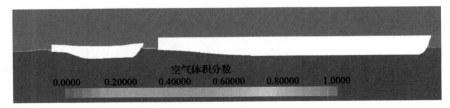

图 7-21　ST=−0.2m 自由水面

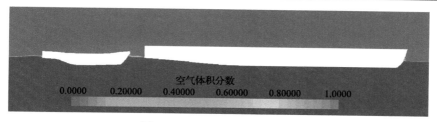

图 7-22　ST=−0.3m 自由水面

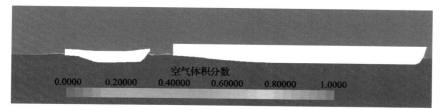

图 7-23　ST=−0.4m 自由水面

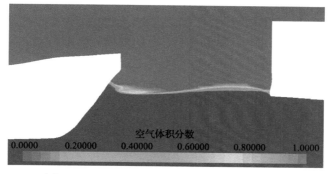

图 7-24　ST=−0.4m 船间自由水面局部细节图

通过对上述结果观察，可以对不同间距下两船受力变化进行如下分析。

由图 7-14 和图 7-15 可以看出，不同间距下两船相互之间均受到不同程度的影响，而拖轮受到前船的干扰更明显，在两船相距一定位置处，拖轮受前船的影响，所受阻力减小。由此可见，在使用拖轮牵引船舶进厢时，选定合适的牵引距离可以达到更好的效果。而在 ST=−0.1m 位置，两船相隔距离较短，若进一步缩短两船间距，则拖轮与前船互相吸引，在拖轮连接牵引进出厢船舶过程中可能出现摩擦碰撞等意外情况，因此还需要考虑安全性等问题。在实际拖轮牵引船舶进厢过程中，还需要根据具体工况来考虑两船牵引距离。

7.4　升船机牵引系统方案设计

本节通过分析讨论现有的牵引方案的优缺点，结合三峡升船机的实际工况，对辅助船舶进出船厢的牵引系统进行对比选型，并讨论符合三峡升船机实际工况牵引方案的适用性，提出适合实际三峡升船机辅助船舶进出船厢的牵引方案。

7.4.1　轨道小车牵引方案设计

总结传统的船闸和浮船坞机械装置牵引船舶进出船厢的先例，发现大多采用轨道牵引系统辅助船舶进出船厢，轨道牵引系统主要由牵引轨道和驱动设备组成，下面分别对这两部分结构开展介绍。

1. 牵引轨道

牵引轨道固定安装于承船厢内的两侧过道上，为牵引小车与定位小车提供运动路径，避免小车在牵引过程中受船舶反向拉力过大时，被牵引船缆绳拽动出现偏移甚至落水。

假设船舶在受牵引系统辅助时匀速航行，且缆绳刚性相连，在计算过程中无须考虑船舶加速带来的质量力。船舶在进船厢过程中的模型如图 7-25 所示。其中，T_1 代表牵引缆绳需要提供的牵引力，T_2 代表船舶带动定位小车移动需要提供的拉力，β 和 γ 分别代表牵引小车和定位小车上的缆绳与船舶运动方向的夹角，参考船坞牵引系统中的防护需要，$\beta = 20° \sim 45°$，$\gamma = 20° \sim 45°$[4]。

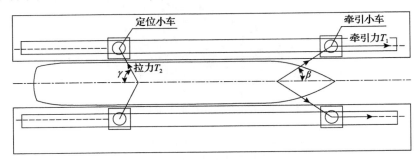

图 7-25　牵引计算模型

以牵引小车与船舶的位置关系和定位小车与船舶的位置关系作为缆绳内力的计算示意图，图 7-26（a）中，A 点为牵引小车，G 点为船体上的系缆点；图 7-26（b）中，D 点为定位小车，F 点为船体上的系缆点。α 与 θ 分别为牵引缆绳和定位缆绳与水平面形成的夹角。

设每个定位小车所受摩擦力为 F_{2f}，则定位小车匀速前进时 T_2 在 x 方向上的分力与 F_{2f} 平衡，可得到如下公式：

$$F_{2f} = \cos\theta \cos\gamma T_2 \tag{7-16}$$

$$F_{2f} = \mu(T_2 \cos\theta \sin\gamma + T_2 \sin\theta + G) \tag{7-17}$$

$$T_2 = \frac{\mu G}{\cos\theta\cos\gamma - \mu(\sin\theta + \cos\theta\cos\gamma)} \tag{7-18}$$

式中，μ 为导轨与小车之间的摩擦阻力系数，引用文献[3]中取值 0.01；G 为小车的重力，kN。

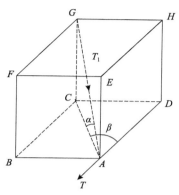
(a) 牵引小车与船舶间位置关系

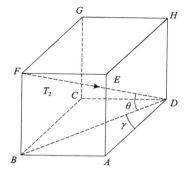
(b) 定位小车与船舶间位置关系

图 7-26　牵引缆绳与定位缆绳空间受力示意图

同理，设每个定位小车所受摩擦力为 F_{1f}，则牵引小车匀速前进时 T_2 在 x 方向上的分力与 F_{1f} 平衡，即

$$F_{1f} = T - T_1\cos\beta\cos\gamma\beta \tag{7-19}$$

$$F_{1f} = \mu(T_1\sin\alpha + T_2\cos\alpha\sin\beta + G) \tag{7-20}$$

对船舶而言，匀速航行的船舶需要保持 x 方向的受力平衡，有如下公式：

$$T_1 = \frac{R_x + 2T_2\cos\theta\cos\gamma}{2\cos\alpha\cos\beta} \tag{7-21}$$

式中，R_x 为船舶阻力，kN。

考虑船舶横向力的作用，从整体上来看，横向力作用在小车与导轨之间的摩擦阻力上，所以可以求得卷扬机牵引力 T 的计算公式如下：

$$T = T_1\cos\alpha\cos\beta + \mu\left(\left|G - T_1\sin\alpha\right| + T_1\cos\alpha\sin\beta + \left|R_y\right|\right) \tag{7-22}$$

式中，R_y 为船舶横向力，kN。

综合上述公式可知，船舶牵引力的计算需要参考船舶的阻力、横向力和小车质量。小车质量通过船舶的受力情况估算，因此船舶牵引力计算的关键在于船舶阻力与横向力的准确获取。

　　另外，对于钢结构轨道，一般是在铸接或焊接加工成型后固定在地面上，其中常用的结构型式有箱型小车轨道和工字型小车轨道，工字型小车轨道还可以分为钩型小车轨道、斜工字型小车轨道和正工字型小车轨道，如图 7-27 所示。

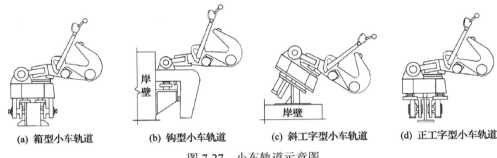

(a) 箱型小车轨道　　　(b) 钩型小车轨道　　　(c) 斜工字型小车轨道　　　(d) 正工字型小车轨道

图 7-27　小车轨道示意图

　　1）箱型小车轨道

　　箱型小车轨道是目前浮船坞采用较多的一种轨道型式，与小车的装配型式如图 7-27（a）所示。与工字型小车轨道相比，其截面由四块钢板围焊而成，左右两侧还配置有纵横隔板以增加轨道强度，上翼板作为反滚轮与垂直导轮的轨道，水平轮在腹板上滑行，水平轮与腹板接触的轨道踏面需要覆盖一层钢板条，这样既能满足强度的需求，也方便对轨道面进行进一步处理。

　　箱型小车轨道能适应拖钩上下转动的范围为±23°，并且其结构强度相较于其他类型的轨道更高，一般适用于牵引高排水量的大型海船。箱型小车轨道截面的几何性能较好，工作稳定性高，形状也较整齐，引船小车在进行牵引作业时受力更均衡，因此在浮船坞上得到了较为广泛的应用。箱型小车轨道内部是一个密闭的空间，不仅容易产生钢料的腐蚀，而且出现腐蚀问题后不方便除锈，导致箱型小车轨道通常使用寿命不长。

　　2）钩型小车轨道

　　钩型小车轨道一般安装在岸壁上，与小车的装配型式如图 7-27（b）所示。其整体性能好，在设计牵引系统时曾考虑在上下闸首的岸壁上布置该类轨道，以延长船舶的受牵引距离，提高升船机的通航效率，但在之后的设计中舍弃了该方案，一方面是因为加工精度和工作量较大，小车的安装布置困难，安装后引船小车保养、检视也比较困难；另一方面，对闸壁而言，目前升船机闸首闸壁的形状并不是均匀的，以上闸首闸壁为例，闸壁上有多道配合检修闸门的凹槽，轨道需要铺设在平坦的壁面上，复杂形状的壁面不适合小车在轨道上运动。

　　对承船厢内的轨道而言，闸室内两侧过道的高程低于船舶甲板高程，即小车控制船舶时必然会受到向上的作用力，而拖钩受力向上时，引船小车受力差，因此认为钩型小车轨道不适合升船机牵引系统。该型轨道适合铺设在高程大于船舷高度的航道，且没有障碍物的特殊场合，如船闸的闸壁上。

3）斜工字型小车轨道

斜工字型小车轨道安装在壁面上，安装后上翼板面向航道方向倾斜，与小车的装配型式如图 7-27（c）所示。上翼板面与壁面有一倾角，配套的小车仅需要在腹板背向船舶的一侧设置反滚轮，在轨道的另一侧可以加装筋板，这使斜工字型小车轨道在用料很少的情况下，强度也能得到满足。

当引进船舶的系缆点低于脱钩初始位置的水平面时，拖钩随牵引缆绳下倾，可抵消部分垂直方向的拖曳分力，从而减小脱钩对小车施加的横向力及相应压力产生的摩擦阻力，此时脱钩的受力方向与初始角度更契合。相反，当引进船舶的系缆点高于脱钩初始位置时，在轨道背向船舶没有筋板加固的一侧受到的力矩方向发生改变，小车相对强度降低，并且随着向上牵引角度的增大，轨道受逆时针方向力矩迅速增加，这不仅使滚轮与上翼板之间的压力增加，还变相增加了卷扬机的牵引力，压力过大可能会使滚轮出现破碎。由图 7-25 可知，引进船舶的系缆点高于承船厢面，因此斜工字型小车轨道不适合升船机牵引系统轨道的布置。该型轨道适合在高壁面低舷船舶的牵引工况下作业，如针对大型浮船坞的小型船舶牵引，或者三峡船闸牵引方案中轨道布置在闸壁顶部的情况。

4）正工字型小车轨道

正工字型小车轨道安装在壁面上，与小车的装配型式如图 7-27（d）所示。该型轨道截面形状单一，几何适应性好，需要加工的面较少，容易达到合适的加工精度。

引船小车在腹板的两侧都设有反滚轮，在拖钩牵引角度不超过±23°（正常工况）时，轨道与小车的整体受力性能较好。但对比斜工字型小车轨道，由于腹板两侧均没有预设的筋板，轨道的横向刚度较弱，为提高轨道刚度，通常需要加厚钢轨。文献［5］认为，正工字型小车轨道适用于许用牵引力在 120kN 以下的引船系统。三峡升船机需要搭载的船舶吨位受限与动辄牵引上万吨海船的浮船坞相比，其牵引系统往往不需要提供过大的牵引力，因此正工字型小车轨道更适合应用在三峡升船机内的牵引系统上。

2. 驱动设备

目前，牵引系统常用的驱动设备主要分为两类，一类是由单独的电动牵引车作为驱动设备牵引船舶，文献［5］认为，绞车牵引能力不足，需要依靠在船舶舷侧和尾部的拖船进行顶推或协助牵引，由于航道宽度的限制，无法使用拖轮辅助航行，该方案不适合牵引船舶进出升船机船厢。

另一类是由无动力的牵引小车和动力装置共同作用牵引船舶航行，牵引小车作为枢纽连接船舶与卷扬机，能够实现牵引船舶的航行与制动。无动力的牵引小车结构简单，通过局部的结构加强，可以在船舶航行时控制船舶的横向位移。与其他浮船坞的牵引系统不同，牵引小车既需要承担牵引，也需要对船舶进行定位，因此牵引小车的设计结构完全相同，仅在不同工况下使用时功能有所不同。

牵引小车沿引船轨道运行，船舶运动方向不同，牵引小车之间会发生职能转换，因此在设计牵引小车时应考虑其不仅会承受纵向的拉力，还会承受横向倾覆力。升船机轨道小车设计参考浮船坞内牵引小车的设计方案，该装置由脱钩装置、车架、行走机构、双反托轮和水平轮组成。在牵引小车上设计两个不同的系缆位置，不同的系缆位置对应不同的缆绳连接方式，牵引小车与钢丝绳由卸扣直接连接，而横向定位车由一套夹绳机构与钢丝绳连接，如图 7-28 所示。

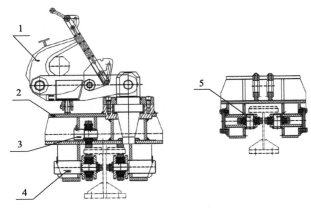

图 7-28　牵引小车示意图

1. 脱钩装置；2. 车架；3. 行走机构；4. 双反拖轮；5. 水平轮

动力装置一般使用卷扬机或绞盘，固定安装在首/尾墙内或机房中，通过牵引缆绳带动牵引小车在轨道上同步运动，从而实现牵引船舶进出船厢。绞盘布置操作较为烦琐，而卷扬机可以对船舶实现连续的牵引，在效率上更为出色，因此设计卷扬机为牵引方案的动力，示意图如 7-29 所示。

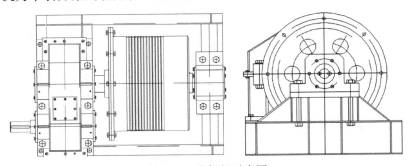

图 7-29　卷扬机示意图

在传统的船闸和浮船坞牵引船舶中，轨道牵引系统得到了广泛应用，但根据三峡升船机现场实际工况，轨道牵引系统无法在三峡升船机船闸处安装布置，因此在轨道小车牵引的基础上，针对三峡升船机实际情况，另外提出了电动推轮牵引方案。

7.4.2　电动推轮牵引方案设计

目前影响升船机运行安全与效率的因素主要有：船舶进出升船机船厢制动方式仅靠船舶自身制动，若船舶在进出升船机船厢过程中失控，则没有有效的处置方法，存在巨大的安全风险；船舶驾驶水平参差不齐，船舶通过升船机时存在与升船机设备设施发生碰撞干涉的风险，升船机设备设施与船舶撞损后，检修难度大且耗时长。

因此，结合牵引动力系统、导向系统、制动系统以及动力系统与过厢船舶的快速连接方法的集成，设计一套智能牵引船舶进闸方案，进而能够更好地提高船舶通过升船机的安全性与效率。

为了实现上述技术特征，在此基础上设计的升船机船厢牵引系统应包括电动推轮、导向系统、制动系统、推轮充电装置、推轮与船舶快速连接装置等。下面分别介绍所述相关系统的具体功能。

1）电动推轮设计

电动推轮拟设计为无人驾驶的自动航行与远程集中控制的电力驱动船舶，船首与船尾分别安装有一套推进系统，升船机上下游航道分别布置一套电动推轮。

在整个智能牵引进出船厢的过程中，被推船只处于无动力状态，并由电动推轮实现被推船的动力，因此电动推轮助航系统应具有导向和制动的能力，辅助被推船只进入并停靠在升船机船厢内部。

电动推轮应具备导向系统，并且在升船机船厢两侧与上下游两侧导航墙沿程布置。导向系统应具有防撞导向和船舶系缆功能，设计为两种结构，第一导向装置沿水流方向均匀布置在上下游两侧导航墙上，且该装置设计为竖直方向可随升船机航道水位波动而上下浮动的浮筒式结构；第二导向装置沿船厢纵向中心线对称布置，且遵循顺水流方向船厢上下游端布置较密，中间段布置较疏的原则。

另外，电动推轮配置有制动系统，其安装在靠近船厢上下游端部导航墙两侧，可随升船机航道水位波动而上下浮动，具有阻尼作用的钢丝绳卷扬式制动装置和安装在船厢两侧中部具备失控船舶紧急使用的两个带缆制动装置。

电动推轮应配有相应的充电装置，拟设置两套分别安装在靠近升船机上下游导航墙布置的浮箱上，充电装置与升船机供配电室通过电缆连接。

2）快速连接装置设计

电动推轮与通过升船机的过闸船只的连接需要加装特殊的装置，并能够有效地适应不同船型的干舷和尾部型线特征等，实现推轮与船舶快速对接与脱开，为此设计了三套快速连接装置。

（1）方案 1：电动推轮与船舶快速连接装置包括公头和母头，公头示意图如图 7-30 所示，公头安装在电动推轮上，母头固定安装在通过升船机的船舶上。如图 7-31 所示，公头应包括连接架、伸缩油缸、固定销、固定块、伸缩接头等结构，其运用两个伸缩油缸和接头实现连接架高度调节，以满足与不同干舷高度船舶对接的要求。如图 7-32 所示，母头布置在过升船机船只尾部，其截面为 U 型槽钢。为保证公头和母头的顺利连接，将公头伸缩接头设计为可相互滑动的内外套筒型式，并在伸缩接头外表面安装导向滑块与母头导轨对接，实现接头处的高度自适应调节。

图 7-30　电动推轮机械牵引装置（公头）示意图

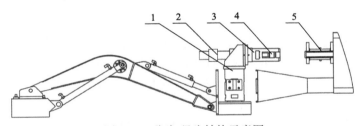

图 7-31　公头/母头结构示意图

1. 连接架；2. 伸缩油缸；3. 固定块；4. 固定销；5. U 型槽钢导轨

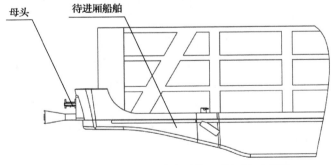

图 7-32　电动推轮机械牵引装置（母头）示意图

（2）方案 2：电动推轮与船舶快速连接装置安装布置在电动推轮甲板上，电动推轮上装有连接装置，整个连接装置分为推进机构和拖曳机构两部分，如图 7-33 所示。推进机构包括大臂油缸、腕部油缸、定位板、电磁吸盘等结构（图 7-34），其运用大臂油缸和腕部油缸两个伸缩油缸实现连接机构的高度调节，以满足与不同干舷高度船舶对接的要求，电磁阀组控制电磁吸盘方向，为保持与进出厢船舶顺利连接，另外布置安装了定位板装置，电动推轮甲板上安装了一对系缆桩，与船厢处安装布置的带缆桩共同为电动推轮牵引船厢进厢提供制动。

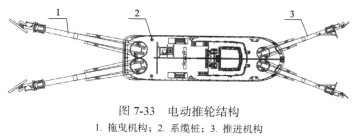

图 7-33　电动推轮结构
1. 拖曳机构；2. 系缆桩；3. 推进机构

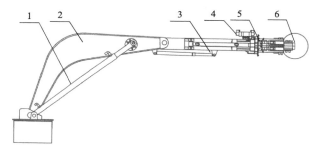

图 7-34　推进机构结构
1. 大臂油缸；2. 大臂；3. 腕部油缸；4. 电磁阀组；5. 定位板；6. 电磁吸盘

（3）方案 3：电动推轮采用双船结构，连接装置分别安装固定在两船甲板上，如图 7-35 所示。前船甲板上安装推进装置，当船舶进厢时，前船甲板上的牵引机构与进厢船舶相连接，为船舶进厢提供动力，当船舶行驶至升船机船厢时，后船螺旋桨反转起到制动作用。船舶出厢由安装布置在后船甲板上的拖曳装置，连接固定到出厢船舶舷侧，为船舶出厢提供牵引力。另外，在后船甲板上分别布置一对带缆桩，起到紧急制动的作用。

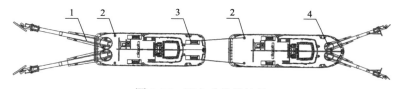

图 7-35　双电动推轮结构
1. 拖曳机构；2. 系缆桩；3. 带缆桩；4. 推进机构

3)总体布置设计

三峡升船机总体布置如图 7-36 所示。考虑到船舶进出船厢效率问题及安全问题，在升船机船厢上下闸首处分别布置四对导向轮，为进厢船舶提供导向作用。另外，上闸首靠近浮式导航墙的位置及下闸首靠近船厢的位置均布设有带缆桩，为船舶进出提供紧急制动的效果。

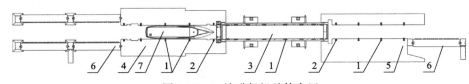

图 7-36　三峡升船机总体布置

1. 导向轮；2. 带缆绳；3. 升船机船厢；4. 上闸首；5. 下闸首；6. 浮式导航墙；7. 进厢船舶

4)牵引进出船厢系统整体设计

为了使智能牵引装置满足长距离、水位大幅波动的船舶进出升船机，设计整个牵引进出方案的步骤如下。

（1）待闸阶段。

按照通过升船机的船舶调度计划，运行人员通过升船机调度系统指挥待过厢船舶从升船机上游或下游引航道航行至上游或下游靠船墩停泊系缆。

（2）牵引阶段。

电动推轮航行至待过厢船舶处，且连接架高度调整完毕，执行电动推轮与船舶快速对接；电动推轮与船舶对接完成后，船舶解缆完毕，电动推轮按照预设航路推动船舶进厢，船舶进厢过程中，导航墙、船厢上布置的导向系统可随时调整船舶方位。

（3）进厢停靠阶段。

当船舶航行至船尾到达上游或下游导航墙上布置的钢丝绳卷扬式制动装置时，电动推轮开始制动减速，将钢丝绳卷扬式制动装置的钢丝绳缆索环挂在船舶尾部带缆桩上，带动进厢船舶开始减速；进厢船舶减速停止，且在船厢系缆完毕后从船舶尾部取下钢丝绳缆索环，钢丝绳卷扬系统带动钢丝绳收回缠绕在钢丝绳卷筒上，同时电动推轮与船舶解除连接。

（4）返回充电阶段。

电动推轮与船舶连接解除后，升船机运行人员下达上游或下游电动推轮返回上游或下游充电坞靠泊命令，电动推轮航行至充电坞靠泊并给动力蓄电池组充电；电动推轮退出船厢后，船厢与上闸首或下闸首解除对接，开始下行或上行，与下闸首或上闸首对接，并在完成升船机过闸流程后与下阶段出闸系统连接，执行后半程电动推轮牵引出厢程序，并在船厢外靠船墩处解除连接，被推船开机顺利驶出升船机引航道。

采用传统设计的通过升船机船舶自航行进出三峡升船机,根据统计数据,交通管理部门限制船舶航速为 0.50m/s,而船舶在实际进出升船机船厢时,因受到明显的浅水、岸壁、盲肠航道及大幅水位波动等复杂环境载荷的影响,船舶通航安全受到较大威胁。为确保航行安全,船舶进出厢速度普遍偏低(通常只有 0.35m/s),船舶进出厢历时较长(通常达 25min),而大尺度船舶更甚,大尺度船舶进出厢航速普遍为 0.20m/s,进出厢耗时长达 45min,严重影响升船机通航效率。采用牵引的新方式引导船舶过厢能够提高升船机的通航效率。

升船机上游通航水位变幅大,下游水位变化速率快(下游水位变化速率为 ±0.5m/h),其中上游变幅为 30m,低水位时水面距坝顶 40m 高差,下游变幅为 11.8m,低水位时水面距坝底 22m 高差,上闸首航槽狭窄,下闸首航槽呈喇叭口不规则形状,船厢甲板狭窄,设备设施布置多,因此在船厢甲板上很难再加装其他设备和设施。

针对升船机主体段通常为高耸、狭长的密闭空间,船舶通过升船机时采用自航行方式进出升船机船厢,船舶尾气、噪声污染严重。采用无人驾驶的电动推轮牵引船舶通过升船机,船舶进出升船机船厢时发动机停机,不但减少了船舶尾气和噪声污染,而且降低了船方运营成本。

7.4.3　牵引系统效能分析

1)提高船舶航行安全系数

现如今船舶在通过升船机时,通常以一较低的航速航行,但仍可能发生碰撞事件。由于实际升船机航槽宽度受限,现如今的防碰撞装置大多效果不明显,且会削减航道的有效宽度,牵引装置具有横向定位功能,可代替传统的防碰撞设施。

船舶在驶入承船厢过程中,除了要考虑避免撞上厢壁,还要考虑避免与下游的厢门发生碰撞。由于惯性的作用,船舶驶入承船厢的过程中主机停运后仍会滑行很长一段距离,船舶在限制水域内的滑行距离往往难以估算,且当船舶从上游驶入承船厢时,由于承船厢下游厢门高度有限,船员在驾驶室内很难观测厢门与船首的相对距离。使用牵引系统控制船舶进出承船厢,承船厢内的工作人员能实时掌握船舶的相对空间位置,在牵引过程中能精确控制定位小车提供的反向牵引力,实现船舶的快速制动,降低船舶撞上厢门的概率,避免给船舶和升船机带来损失。

2)缩短船舶通航时间

升船机可以辅助船舶上行(从三峡下游航行至三峡上游)与下行(从三峡上游航行至三峡下游),船舶上行与下行的牵引流程基本一致,主要时间参数有船舶在上闸首航行所需时间、船舶在承船厢内航行所需时间、固定等待所需时间和船舶在下闸首航行所需时间。

由牵引船舶流程分析可知,在牵引系统辅助下,船舶在上、下闸首航行时,以及在承船厢内借助牵引装置航行时,均可以达到设计航速,这可有效缩短船舶通航时间。

3)减少能源的浪费与污染的排放

船舶在限制水域中自航时,由于低航速带来极差的操纵性,无法以正常手段纠正航向,当船舶偏离航线时,船员通常使用"点车"的方法,即瞬间提升船舶主机功率,使螺旋桨突然加速,为船舵提供一个瞬时的舵力,进而调整船舶航向。这种方法不仅极大地浪费了能源,而且瞬时启动和关闭船舶燃油机会使燃料燃烧不充分,排放出大量污染环境的有害气体。牵引系统可使船舶在上、下闸首及承船厢水域航行中关闭发动机,从而减少能源的浪费和污染物的排放。

7.5　小　　结

从升船机安全、高效和绿色的运行角度出发,船舶进出升船机船厢牵引方案的探讨对于升船机通航效率十分重要,不仅能提高船舶进出船厢的效率和安全性,更是加快升船机枢纽船舶通过速度的关键。本章以目前国内外已有升船机为背景进行了船舶进出船厢的数值预报和两船相对运动水动力性能干扰预报,最后根据现行船舶进出船厢方案提出了典型船舶进出船厢牵引技术方案,并对其进行了可行性分析,本章主要内容如下。

本章以长江三峡升船机作为理论研究背景,对航道中过闸船舶进出过程进行了数值计算,计算出了船模驶入三峡升船机航道中的受力情况,然后参考 ITTC 提供的理论公式和目前学者对速度回流计算方法的研究,提出了船模实船受力换算方法,并根据受力绘制出了实船受力曲线。

由于升船机航道狭窄,以及在进出船厢过程中受到浅水效应、岸壁效应的影响,操纵人员操纵船舶进出升船机的过程变得十分困难,本章在目前国内外已有的船舶进出船厢方案的基础上,探讨通过拖曳方式辅助船舶进出船厢的可行性。但由于拖船相对于大型船舶体型较小,拖船在靠近大型船舶的过程中会受到大型船舶的干扰力作用,从而引起航向的改变,影响拖船的效率和安全,因此后续又在此基础上概述了拖船与大型船舶之间的水动力干扰预报。

在数值计算的基础上,本章还对船舶进出船厢所需牵引力进行了更深入的探讨,在目前实施的升船机进出船厢方案的基础上,综合考虑安全高效原则,提出了电动推轮和机械牵引小车两套完整的升船机船舶进出船厢牵引系统,并对其可行性进行了初步分析。

参 考 文 献

[1] 中华人民共和国工业和信息化部. 干船坞设计规范: CB/T 8524—2011[S]. 北京: 中国船舶工业综合技术经济研究院, 2011.

[2] 李文岩. 大型船舶进坞牵引力及横向定位力研究[D]. 北京: 华北电力大学, 2016.

[3] Gross A, Watanabe K. On blockage correction[C]. The 13th ITTC, Berlin, 1972: 209-240.

[4] 陈晓华, 张莹. 大型浮船坞牵引力计算分析[J]. 船舶, 2017, 28(1): 68-73.

[5] 连政忠, 朱刚, 邓智勇, 等. 某船坞加装引船防护系统设计实现[J]. 船海工程, 2013, 42(3): 177-181.

第8章　船舶进出船厢航行决策技术

8.1　引　　言

船舶在进出升船机船厢时，船厢尺寸限制了航道水深和宽度，因此会受到浅水效应和岸壁效应的影响。若操作不当，则可能会导致船舶偏离中心线，甚至与升船机设备设施发生碰撞，这种现象对接近船厢容许最大尺寸的船舶而言尤为显著，这要求其具备较高水平的操纵技巧。本章将考虑浅水和岸壁效应，对船舶进出船厢的操纵决策技术进行研究。

为了有效地避免船舶进出船厢时可能发生的碰撞事故，本章提出一种基于螺旋桨输出功率控制的航行决策技术。过厢船型通常采用双机双桨配置，在极慢速度下可以利用两侧螺旋桨推力差来调节方向。通过主动控制主机输出功率，调整船舶的航速、两侧与岸边的间距、航向角等参数，使船舶能够主动适应航道的尺寸限制。

本章采用计算流体力学方法对典型过厢船型进出船厢的运动过程进行仿真模拟，并分析不同航向角、偏移位移等情况下船舶与岸边碰撞风险的变化规律。基于仿真结果，本章总结船舶进出船厢时应遵循的最佳操纵指导，以及发生偏移时应采取的措施，并探讨基于螺旋桨输出功率控制的航行决策技术在提高船舶进出船厢安全性方面的作用和影响。

8.2　船舶进出船厢自主航行循迹方法与操纵流程

船舶自主进出船厢是升船机运行中最关键也是最复杂的环节之一。本节基于对该环节中船舶运动特征的分析，提出相应的航行决策规则，并给出一种考虑浅水和岸壁效应的操纵流程。该方法基于船舶循迹与避碰技术，能够有效减小船舶在进出船厢过程中受到复杂水流等因素干扰所带来的风险。

8.2.1　船舶自主进出船厢运动特征分析

船舶在浅水狭窄航道做变速运动时，其周围水域流场十分复杂，并且对船舶航行稳定性和附近结构物有着重要影响。为了分析这一问题，考虑船舶进入、通过和驶出封闭式船厢的过程，并根据实际情况假设水波速度、水深等参数。当船舶进入船厢时，随着船舶向前行驶，水波速度（$c = \sqrt{gH}$）约为 5.86m/s，其中重力

加速度 g 取 $9.81\mathrm{m/s^2}$，水深 H 取 3.5m。船厢的一端是封闭的，水流受到前后两端的阻碍而形成高低波动，在船首处产生涌水，船尾出现凹陷，由于船前后存在水位差，涌起的水将产生回流，从船厢与船舶两侧的间隙通过，从而对船舶施加影响。当船舶前进的速度较大时，船首处的涌水幅度增大，导致船舶发生明显纵倾。当船舶驶出船厢时，船尾附近的水面会出现凹陷，船首附近的水会通过两侧的补充而形成回流。这些现象与船底底面吃水深度变化相互耦合，并且随着船速不同而呈现不同特征。

船舶运动及其与水域的耦合作用对船舶航行决策的制定有关键性影响。船舶的运动分为两种类型，第一类是船舶的主动运动，是指船舶在主动力的作用下产生的水平运动；第二类是船舶的被动运动，是指由船舶的主动运动引起的水的运动，而水的运动反过来改变船的压力，从而引起船舶的被动运动，如升沉、纵摇和横摇。船舶的主动运动在计算中作为已知量，通过对升船机的实地调研，船舶运动速度一般为 $0\sim0.5\mathrm{m/s}$，计算中船舶的启动与停止还要考虑主动加速度与减速度。船舶的被动运动根据船舶的受力变化情况来计算。

准确而快速地计算船舶进出船厢过程中产生的波高较复杂，须加以简化。例如，多维方法在现阶段是不可行的，完全一维浅水方程也不能得到可用的解。

1）船舶进厢基础模型及改进

Vrijburcht 六波模型[1]是计算船舶进入船厢产生水流的基础模型，其考虑了船周水流的纵向运动，忽略垂直和交叉方向的分量，并进行如下假设：

（1）船舶航速恒定。

（2）船厢末端闭合。

（3）不考虑航道波浪反射。

（4）船舶截面为矩形。

（5）从航道至船厢波浪是瞬时形成的。

Vrijburcht 六波模型对船厢内水位变化的计算分为以下两步：

（1）求解伯努利方程和连续方程，获取船厢内水位和流量等参数，其中最重要的参数是由船只运动引起的波高 z_v。

（2）计算六个波在一定时间内沿船厢传播时各自的波高 $h_1(x,t)$，$h_2(x,t)$，$\cdots$，$h_6(x,t)$，这六个波包括两个初始波（分别向船厢的前端和后端传播）和四个反射波或透射波。

在反射波计算方面沿用了原有方法，但在初始波的计算方面，与原来假设初始波为常数不同，可认为初始波随着时间的推移而变化，并且最终趋于 z_v，即

$$h_1(x,t) = z_v \tag{8-1}$$

基础六波模型具有简单易用的优点，但其适用范围较为局限。为了克服这一缺陷，可消除假设(1)、(4)和(5)，对模型进行改进，保留其优点。综合考虑螺旋桨推力以及由船致波浪和船舶相互作用引起的阻力作用，船舶的速度 $V(t)$ 可由式(8-2)表示：

$$V(t) = V(t - \Delta t) + a(t)\Delta t \tag{8-2}$$

加速度 $a(t)$ 由牛顿运动定律计算，具体为

$$m'a(t) = T - F_x - F_f \tag{8-3}$$

式中，m' 为考虑附加质量的船舶质量；T 为螺旋桨推力；F_x 为产生的平移波引起的纵向力；F_f 为由于船尾的减速损失与船体表面摩擦产生的综合阻力。

船舶速度的变化将产生两方面的影响。一方面，船舶进出船厢的实时位置将成为随时间变化的非线性变量，可表示为

$$x_{\text{ship}}(t) = x_{\text{ship}}(t - dt) + v(t)dt \tag{8-4}$$

另一方面，由船舶运动引起的船首处波高将根据船舶速度进行修正。假定船首处浪高与船速的平方成正比，即

$$h_1\left(x_{\text{ship}}(t), t\right) = h_1\left(x_{\text{ship}}(t - dt), t - dt\right)\left(\frac{v(t)}{v(t - dt)}\right)^2 \tag{8-5}$$

表明船首处的初始波也是随时间变化的非线性变量，随后将在船厢内进一步传播，可表示为

$$h_1(x, t) = h_1(x - v(t)dt, t - dt) \tag{8-6}$$

上述对基础六波模型的改进充分考虑了船舶速度的改变和船首波浪的影响，这对于探讨船舶进出船厢航速的改变具有重要参考意义。

2) 船舶垂向运动计算

预测船舶进入船厢时产生波浪的最终目的是计算船舶垂向运动，船的下沉量和纵倾角可通过水位的变化随船身长度的积分来计算[2]。水位幅值 $\eta(x,t)$ 的计算公式如下：

$$\eta(x, t) = \begin{cases} z_k + z_n - h_3(x,t) - h_5(x,t), & x \geqslant 0 \\ z_k - h_6(x,t), & x < 0 \end{cases} \tag{8-7}$$

式中，z_k 为由船舶进出船厢的运动导致的水位降低量；z_n 为船首和船厢入口之

间额外的水位降低量。当水位垂向坐标已知时，下沉量 $s(t)$ 和纵倾角 $\tau(t)$ 可通过式（8-8）和式（8-9）计算：

$$s(t) = \frac{\int_{-l_s/2}^{l_s/2} \eta(x,t)B(x)\mathrm{d}x}{\int_{-l_s/2}^{l_s/2} B(x)\mathrm{d}x} \tag{8-8}$$

$$\tau(t) = \arctan \frac{\int_{-l_s/2}^{l_s/2} \eta(x,t)B(x)x\mathrm{d}x}{\int_{-l_s/2}^{l_s/2} B(x)x^2\mathrm{d}x} \tag{8-9}$$

式中，l_s 为船身长度；$B(x)$ 为船首的纵向坐标参数。下沉量和纵倾角可用于计算在船舶进出船厢任意时刻船首的坐标值，计算结果既适用于原六波模型，也适用于改进后的六波模型。依据船舶进出船厢的运动特征，结合船舶循迹避碰方法，可确立船舶进出船厢自主航行决策规则。

8.2.2　进出船厢自主航行循迹与纠偏方法

1. 船舶运动轨迹推算

对船舶的运动轨迹进行推算是判断是否存在船舶碰撞危险的关键环节。内河航道边界的限制对船舶运动轨迹具有很大的影响[3]，尤其是船舶进出船厢的过程中必须予以充分考虑。

当船舶的航态为顺航道行驶时，船舶的运动轨迹与航道走势高度一致，可近似认为船舶航向和航道方向相同，按照船舶当前时刻的速度，沿航道方向推算船舶下一时刻的位置。

设当前时刻为 $t_{(0)}$，船舶的位置为 $(X_{(0)}, Y_{(0)})$，速度为 $V_{(0)}$，下一个转向点 $T_{(k+1)}$ 的位置为 $(X_{T(k+1)}, Y_{T(k+1)})$，则船舶到达下一个转向点所需时间 $t_{(k+1)}$ 的计算公式为

$$t_{(k+1)} = \frac{\sqrt{\left(X_{T(k+1)} - X_{(0)}\right)^2 + \left(Y_{T(k+1)} - Y_{(0)}\right)^2}}{V_{(0)}} \tag{8-10}$$

由此可得，船舶从当前时刻行驶到下一个转向点的时间段为 $\left[t_{(0)}, t_{(0)} + t_{(k+1)}\right]$。同理可得，从转向点 $T_{(k+1)}$ 行驶到转向点 $T_{(k+2)}$ 的时间段为 $\left[t_{(0)} + t_{(k+1)}, t_{(0)} + t_{(k+1)} + t_{(k+2)}\right]$，其中，

$$t_{(k+2)} = \frac{\sqrt{\left(X_{T(k+2)} - X_{T(k+1)}\right)^2 + \left(Y_{T(k+2)} - Y_{T(k+1)}\right)^2}}{V_{(0)}} \qquad (8\text{-}11)$$

依此类推，可以得到船舶顺航道行驶时通过各航段的时间序列。因此，当船舶的航行时间已知时，可根据航行时间所属的时间段找到对应的航段，推算船舶的运动轨迹。设船舶顺航道行驶时间为 t，则从当前时刻开始，t 时刻后船舶的位置 $\left(X_{(t)}, Y_{(t)}\right)$ 的计算方法如下。

（1）计算船舶通过每段航道的时间 $t_{(i)}$，其中 $i = 1, 2, \cdots, n$，n 为船舶航行的航段编号。

（2）比较 t 和 $t_{(j)} + t_{(i+1)} + \cdots + t_{(i+j)}$ 的大小，其中 $j \leqslant n - i$。若 t 较小，则 t 时刻船舶的位置 $\left(X_{(t)}, Y_{(t)}\right)$ 在转向点 $T_{(i+j-1)}\left(X_{T(i+j-1)}, Y_{T(i+j-1)}\right)$ 和 $T_{(i+j)}\left(X_{T(i+j)}, Y_{T(i+j)}\right)$ 之间的航段。设该航段的航道方向为 $\varphi_{(i+j)}$，则有

$$\begin{cases} X_{(j)} = \left(t - t_{(j)} - t_{(i+1)} - \cdots - t_{(i+j-1)}\right) V_{(0)} \cos\left(\varphi_{(i+j)}\right) + X_{T(i+j-1)} \\ Y_{(t)} = \left(t - t_{(j)} - t_{(i+1)} - \cdots - t_{(i+j-1)}\right) V_{(0)} \sin\left(\varphi_{(i+j)}\right) + Y_{T(i+j-1)} \end{cases} \qquad (8\text{-}12)$$

当船舶航态为逆航道行驶时，按照当前时刻的航向和航速，推算下一时刻的位置。设当前时刻船舶的位置为 $\left(X_{(0)}, Y_{(0)}\right)$，速度为 $V_{(0)}$，航向为 $\psi_{(0)}$，则 t 时刻船舶的位置 $\left(X_{(t)}, Y_{(t)}\right)$ 的计算公式为

$$\begin{cases} X_{(t)} = V_{(0)} \cos\left(\psi_{(0)}\right) t + X_{(0)} \\ Y_{(t)} = V_{(0)} \sin\left(\psi_{(0)}\right) t + Y_{(0)} \end{cases} \qquad (8\text{-}13)$$

2. 船舶领域模型

船舶领域是船舶避碰中的重要概念，简单来讲，船舶领域就是船舶能够安全航行的最小水域。船舶领域模型是用数学建模的方式对船舶领域进行抽象的设计。船舶领域的种类多种多样，在狭窄水域的环境下一般是如下模型。

英国学者 Coldwell 通过对海上航道的大量观测与统计，针对受限水域提出了椭圆船舶领域模型[4]，其中受限水域模型如图 8-1 所示。

该模型先将椭圆保留 1/2，再将船舶的位置移动到椭圆的左侧，正横处距离船舶领域边界超过船长 6 倍，与之前的模型相比，该模型的尺寸明显大于其他模型，这使得该模型无法满足内河船舶的避碰要求。

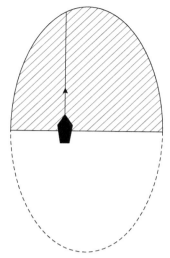

图 8-1　Coldwell 受限水域船舶领域模型

　　通过改变椭圆的形状和尺度，模型可以针对不同场景对船舶领域进行选择。通常情况下，在宽阔海域的船舶使用此模型时，模型长度为 8 倍船长，宽度为 4 倍船长，但在受限水域模型的长宽可以变为原来的1/2。此外，还有学者在该模型的基础上将长卵形的船舶领域抽象为九边形和六边形等特殊形状[5]。

　　通过对传统船舶领域利弊进行总结，本节最终拟定了如下船舶领域的方案，用于升船机航道船舶避碰循迹决策的研究，如图 8-2 所示。

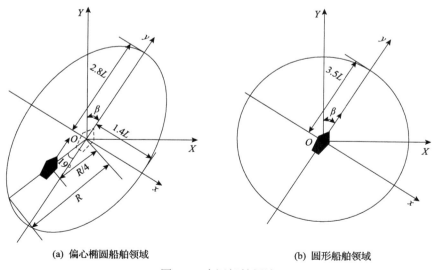

(a) 偏心椭圆船舶领域　　　　　　　　　　　(b) 圆形船舶领域

图 8-2　内河船舶领域

　　图 8-2(a)为偏心椭圆船舶领域，用于动态障碍物的避碰；图 8-2(b)为圆形船舶领域，用于静态障碍物的避碰，β 为漂角。对于图 8-2(a)，由于升船机附近航道水域狭长，经过大量船型对比及加权平均后可将船舶领域长度定为 2.8 倍船长，宽度为长度的 1/2。根据 Goodwin、Coldwell 以及四分数船舶领域，将船的位置取在左侧，根据藤井的长卵形船舶领域，将船的位置向下移动。在虚拟船舶处建立椭圆形船舶领域，虚拟船舶圆周舷角 119°，并且距离 $R/4$ 的位置为船舶的实际位置[6]。这样既满足了升船机航道限制航行的环境，也尽可能在船舶领域内保证安全，同时也符合避碰规则的要求。对于图 8-2(b)，静态障碍物不需要考虑避碰规则，因此船舶位置仍在中心；设计成圆形船舶领域是为了考虑内河的岸壁，圆形的半径是之前椭圆形的 1.25 倍。经过这样改进，处于升船机航道内的船舶领域会随环境的变化而变化，动态的设计使船舶的避障更灵活。

3. 航迹循迹算法

1)直线航迹循迹算法

　　船舶在航道直线段进行目标循迹时，可以采用视线制导法进行制导控制。当船舶在水面上进行二维运动时，船舶的速度可以定义[7]为

$$U(t) = \|v(t)\| = \sqrt{\dot{x}(t)^2 + \dot{y}(t)^2} \geqslant 0 \tag{8-14}$$

　　船舶的转向与角度有关，考虑一条通过两个航路点 $p_k^n = [x_k, y_k]^{\mathrm{T}}$ 和 $p_{k+1}^n = [x_{k+1}, y_{k+1}]^{\mathrm{T}}$ 确定的直线。同时将参考坐标系的原点设为 p_k^n，x 轴已经旋转了一个正角度，即

$$\alpha(t) = \arctan 2(y_{k+1} - y_k, x_{k+1} - x_k) \tag{8-15}$$

由此可以求出船舶在该坐标系下的坐标为

$$\varepsilon(t) = R_p(\alpha_k)^{\mathrm{T}} \left(p^n(t) - p_k^n \right) \tag{8-16}$$

或可写为

$$\varepsilon(t) = [s(t) \quad e(t)]^{\mathrm{T}} \tag{8-17}$$

其中，

$$R_p(\alpha_k) = \begin{bmatrix} \cos(\alpha_k) & -\sin(\alpha_k) \\ \sin(\alpha_k) & \cos(\alpha_k) \end{bmatrix} \tag{8-18}$$

由此可得

$$\begin{cases} s(t) = (x(t) - x_k)\cos(\alpha_k) + (y(t) - y_k)\sin(\alpha_k) \\ e(t) = -(x(t) - x_k)\sin(\alpha_k) + (y(t) - y_k)\cos(\alpha_k) \end{cases} \tag{8-19}$$

式中，$s(t)$ 为沿着路径的距离（与路径相切）；$e(t)$ 为追踪误差（垂直于路径），目标循迹的任务只关注追踪误差，当 $e(t) = 0$ 时，表明航迹已经收敛到直线。

2）曲线航迹循迹算法

在进行曲线循迹时，使用样条曲线（spline curve, SC）和多项式插值的方法生成路径 $(x_d(\bar{\omega}), y_d(\bar{\omega}))$，其中 $\bar{\omega}$ 为角速度，可以通过 N 个预定义的航路点，由于 $\bar{\omega} = kt$（k 为系数，t 为时间），可由 $\bar{\omega} = kt$ 获得路径 $(x_d(\bar{\omega}), y_d(\bar{\omega}))$。

首先，路径通过的航路点 (x_{k-1}, y_{k-1}) 和 (x_k, y_k) 必须满足以下条件：

$$\begin{cases} x_d(\bar{\omega}_{k-1}) = x_{k-1}, \quad x_d(\bar{\omega}_k) = x_k \\ y_d(\bar{\omega}_{k-1}) = y_{k-1}, \quad y_d(\bar{\omega}_k) = y_k \end{cases} \tag{8-20}$$

此外，为了保证路径的光滑性，还要满足：

$$\begin{cases} \lim\limits_{\bar{\omega} \to \bar{\omega}_k^-} x_d'(\bar{\omega}_k) = \lim\limits_{\bar{\omega} \to \bar{\omega}_k^+} x_d'(\bar{\omega}_k) \\ \lim\limits_{\bar{\omega} \to \bar{\omega}_k^-} x_d''(\bar{\omega}_k) = \lim\limits_{\bar{\omega} \to \bar{\omega}_k^+} x_d''(\bar{\omega}_k) \end{cases} \tag{8-21}$$

对于目标循迹问题，可以设置两个边界条件，分别为 x 和 y 方向上的速度或加速度，即

$$\begin{cases} x_d'(\bar{\omega}_0) = x_0', \quad x_d'(\bar{\omega}_n) = x_n' \\ y_d'(\bar{\omega}_0) = y_0', \quad y_d'(\bar{\omega}_n) = y_n' \\ x_d''(\bar{\omega}_0) = x_0'', \quad x_d''(\bar{\omega}_n) = x_n'' \\ y_d''(\bar{\omega}_0) = y_0'', \quad y_d''(\bar{\omega}_n) = y_n'' \end{cases} \tag{8-22}$$

设置三次多项式，其形式为

$$\begin{cases} x_d(\bar{\omega}) = a_3\bar{\omega}^3 + a_2\bar{\omega}^2 + a_1\bar{\omega} + a_0 \\ y_d(\bar{\omega}) = b_3\bar{\omega}^3 + b_2\bar{\omega}^2 + b_1\bar{\omega} + b_0 \end{cases} \tag{8-23}$$

多项式 $x_d(\bar{\omega}_k)$ 由参数 $a_k = [a_{3k}, a_{2k}, a_{1k}, a_{ok}]^T$ 给出，产生 $4(n-1)$ 个未知参数。若在端点处选择速度或加速度约束，则约束的数量为 $4(n-1)$。N 个航路点的位置

参数 x 可以整理到一个向量中，即

$$x = \left[a_k^{\mathrm{T}}, a_{k-1}^{\mathrm{T}}, \cdots, a_{n-1}^{\mathrm{T}} \right]^{\mathrm{T}} \tag{8-24}$$

因此，三次样条曲线的插值问题可以表述为线性方程的形式，即

$$y = A\left(\overline{\omega}_{k-1}, \overline{\omega}_{k-2}, \cdots, \overline{\omega}_k \right) x \tag{8-25}$$

式中，A 为系数矩阵，根据数值分析计算获得。

4. 船舶航行纠偏

船舶在升船机航道航行过程中会出现多次偏移现象，致使位移路径的角度也会受到影响而偏转，因此需要进一步独立计算船舶航行的轨迹定点，提取船舶航行的标准角度，以当前船舶所在地点为定点向四周展开计算，选择多个轨迹的可行性预测，船舶航行的可行性轨迹选择算法如下：

$$\tau_i = \frac{2L}{z(i+k)} \sum_{j=i-k}^{i+k} d(x,y) \tag{8-26}$$

式中，L 为船舶航线路径长度；z 为相关性特征参数；i、j 为可选择的可行性路径中的第 i 个和第 j 个轨迹定点；k 为船舶航行的平均速率；d 为船舶航行轨迹下的平均速率。进一步地，通过模糊操控原理对船舶航行轨迹中的最大偏移角度进行记录[8]。

基于上述步骤，结合神经网络原理进行路径选择，对船舶航行轨迹进行定点模拟和路线纠偏，进一步对船舶航行路径及可选择路线数量进行判断和分析。设 q_a 为船舶航行区域的定位坐标，船舶轨迹检测追踪波长的附加条件为 r，船舶航行的平均参数为 u，进一步对船舶航行的最佳轨迹进行选择，具体的航行估计选择算法如下：

$$\lambda = \frac{\sqrt{rq_a} + u}{\tau_i (\alpha + \beta)} - y \tag{8-27}$$

式中，y 为船舶航行轨迹的平均选择偏差；α、β 分别为两个有区别的船舶航行噪声过滤波定位目标向量。基于上述算法对船舶航行的最佳轨迹进行设计，并对控制路径进行保护和纠偏处理。

本节对船舶进出船厢，尤其是进入船厢的循迹与纠偏方法进行了论述，基于安全航行的原则构造了狭窄水域船舶领域模型，同时还对直线、曲线循迹航行与纠偏方法进行了分析，为船舶安全进出船厢操纵奠定了理论基础。

8.2.3　进出船厢安全操纵流程

船舶在受限水域中航行时，会受到浅水效应和岸壁效应的影响。浅水效应会导致船舶下沉和纵倾变化、阻力增加和操纵性变差等。岸壁效应会导致船舶受到侧向力和转矩，可能造成船舶与受限水域设施的碰撞。在相同的受限水域条件下，大型船舶更容易受到岸壁效应的影响，因此更有可能与升船机设备设施发生碰撞。

大型船舶在受限水域中航行时，往往需要依靠驾驶人员的经验进行操作，但由于存在操作盲区，驾驶人员容易出现主观判断失误和操作不稳定，从而增加与受限水域设施碰撞的风险。为了提高大型船舶在受限水域中的安全性和效率，本节提出一种基于主动决策的方法，该方法可以根据船舶和受限水域的状态生成合理的操作指令，从而降低碰撞概率。该方法基于图像识别及运动与功率函数，所采用的技术方案如图 8-3 所示。

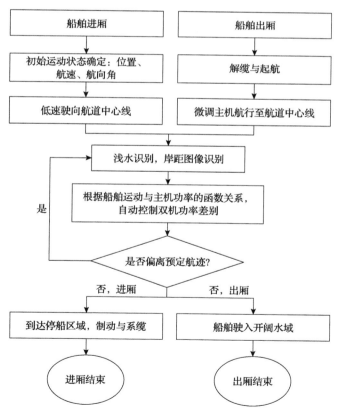

图 8-3　考虑浅水/岸壁效应船舶安全进出船厢的操纵方法的流程

船舶进入船厢的操纵方法具体包括以下步骤：

(1)船舶进入船厢时，对应传感器获取初始位置坐标(x, y, z)、航速v及航向角θ。

(2)船舶低速驶向预定航行轨迹。

(3)通过测深仪识别水深，采用图像识别确定与岸壁之间的距离。

(4)根据船舶运动与主机功率的函数关系式，其中左侧主机功率$P_L = f_L(x, y, z, v, \theta)$，右侧主机功率$P_R = f_R(x, y, z, v, \theta)$，自动控制双主机功率和推力差距，调整船舶到预定航迹。

(5)在进入船厢后，存在外部的扰动影响，如船型波浪、风速等，船舶会偏离预定航迹，传感器将进一步确认船舶是否偏离预定航迹。

(6)若船舶偏离预定航迹，则重复上述步骤(3)和(4)。

(7)若船舶保持在预定航迹航行，在到达停船区域后，制动停车并进行系缆操作，实现安全进厢。

船舶驶出船厢的操纵方法具体包括以下步骤：

(1)船舶驶出船厢时，解缆并起航，微调主机航行至预定航迹。

(2)识别水深与岸壁距离，根据船舶运动与主机功率的函数关系式，自动控制双主机功率差距，调整船舶到预定航迹。

(3)考虑外部扰动风险，若船舶偏离预定航迹，则重复上述步骤(2)，调整船舶到预定航迹。

(4)若船舶保持在预定航迹航行，则驶入开阔水域，实现安全出厢。

本方案可以有效地提高船舶在受限水域中的安全性和效率，具体表现在以下方面：

(1)相对于传统操作容易出现主观判断失误的风险，采用通过科学计算得出的船舶运动与主机功率的函数关系式可以根据船舶和受限水域的状态，生成合理的操作指令，从而降低碰撞概率。

(2)采用自动化控制船舶主机功率差别的方法，基于图像和位置识别通过控制左右推力不平衡来微控船舶运动，避免操作盲区的影响，提高船舶在受限水域中的操纵性。

采用该方法的核心要素在于建立船舶运动与双主机功率的函数关系，该函数是船舶在受限水域中进行主动决策的依据，其可靠性取决于对船舶进出船厢水动力的准确计算。由于不同船型在受限水域中的运动特征不同，该函数中的参数也需要根据不同场景下大量的计算结果所构建的数据分析库进行确定。为了验证本节所提方法的有效性，下面选取典型过厢船型，分析其在受限水域中的运动场景，并通过数值计算的方法探讨主动决策数据分析库的构建方法。

8.3　典型船舶进出船厢运动模型建立与分析

本节首先介绍所选典型船型的参数，并说明仿真过程的设置和步骤。然后，通过仿真计算分析船舶在沿预定航迹进入船厢时的受力特征，以估算左右主机在该过程中应输出的功率，为船舶进出船厢时的主动决策数据分析库的构建提供有效途径。

8.3.1　船型变航速建模仿真

1）船型选择

选取典型 3000 吨级内河商品汽车滚装船为研究对象，其为三峡升船机典型船型，尺寸接近船厢最大允许值，碰撞风险高，操作难度大，因此适合作为代表船型进行研究。其主要参数如表 8-1 所示。

表 8-1　目标船型主要参数

主要参数	数值
总长 L_{oa}/m	109.9
垂线间长 L_{PP}/m	106.2
型宽 B/m	16.6
型深 D/m	4.9
设计吃水 T_d/m	2.7
结构吃水 T_s/m	3.1
设计排水量 ΔT_d/t	3014.3
结构排水量 ΔT_s/t	3595.6

目标船型的线型如图 8-4 所示。目标船为双机双桨船型，船尾两侧的主机可通过驾驶室内的操纵杆分别进行独立控制，因此能够在极低的航速下实现对船舶航向的调整与控制。

2）几何模型与仿真方法

所选滚装船为无球鼻艏设计，在通用三维建模软件中对其船体外壳进行建模，如图 8-5 所示。

船舶与航道的三维几何如图 8-6 所示，计算中考虑了浮式导航墙的影响。

为模拟船舶进厢过程，采用重叠网格（Overset）技术，即单独划分网格环绕包裹船体，使其与背景（Background）网格重叠，如图 8-7 所示。

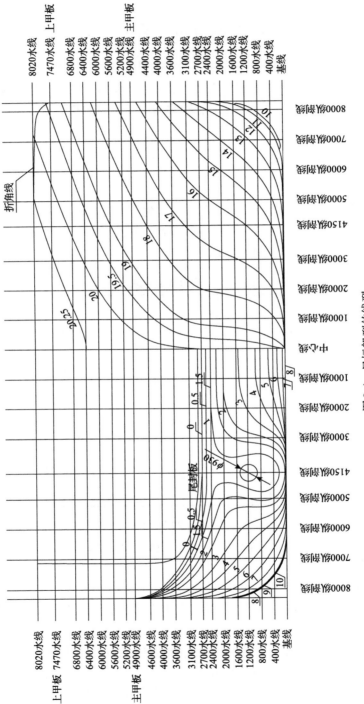

图 8-4　目标船型的线型

图 8-5　典型船舶三维几何模型

图 8-6　船舶与航道的三维几何

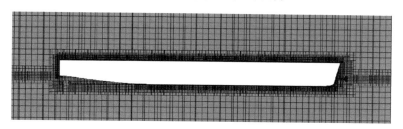

图 8-7　船体周围重叠网格划分

　　在计算过程中，两部分网格通过交接面网格进行数据交换。给定速度策略和航行路径，使船舶能够按照设计的速度和路径进入船厢。划分完成的网格如图 8-8 所示，其中船体周围及船厢内的网格均进行了相应的细化处理。

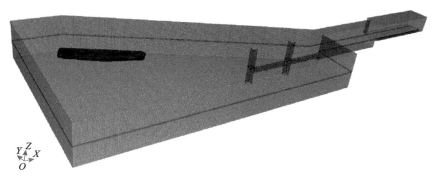

图 8-8　网格划分结果

　　模拟中采用非定常不可压缩 RANS 控制方程，应用 16 层边界层网格来捕捉船体表面的流动细节，相邻层数的网格厚度比控制为 1.2。

3) 航行路径

本节选择船舶从上游进入船厢的过程作为主要研究过程，船舶的初始停靠位置为上游等待点，与船厢成 25°，如图 8-9 所示。经过航迹规划，首先通过曲线航迹接近浮式导航墙，然后逐渐调直航向正对上闸首和船厢，沿直线进入船厢，直至停船系泊，完成入厢过程。

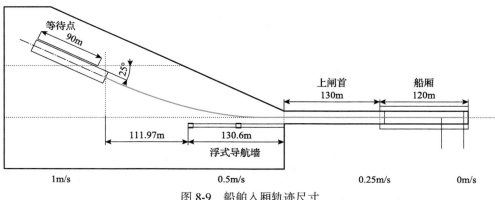

图 8-9　船舶入厢轨迹尺寸

船舶入厢采取初步的航速策略(图 8-10)为：船舶启动后，速度迅速达到 1m/s 峰值(0s)，然后减速，逐步降为 0.5m/s(0~143.3s)，并继续维持 0.5m/s 的航速(143.3~600.5s)，直至进入上闸首前，速度逐步降为 0.25m/s(600.5~680.5s)，继续维持 0.25m/s 的航速(680.5~1536.5s)，当船首接近船厢末端 30m 时，速度开始下降，直至速度减为 0m/s(1536.5~1776.5s)，完成入厢。该航速策略可根据实际情况进行调整。

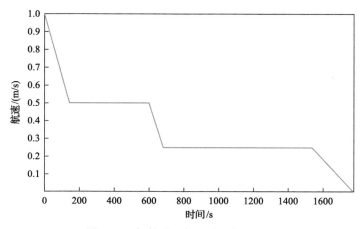

图 8-10　船舶进入船厢时的航速策略

8.3.2　计算结果与分析

在仿真计算中，船舶按照预定轨迹驶入船厢中，船体周围的水域因为船舶的入厢运动而受到干扰。其中，物理时间为 88s、299.5s 和 445.75s 时自由液面的瞬时速度分布如图 8-11 所示。

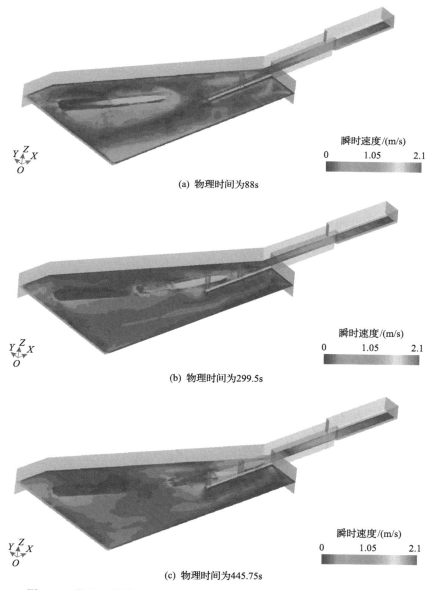

(a) 物理时间为88s

(b) 物理时间为299.5s

(c) 物理时间为445.75s

图 8-11　物理时间为 88s、299.5s 和 445.75s 时自由液面的瞬时速度分布

图 8-12 体现了船舶在进厢过程中船体周围及船厢内部船致波浪的速度变化分布，尤其体现了船厢内波速的变化与反射，其在物理时间为 445.75s 时自由液面流线如图 8-12 所示。

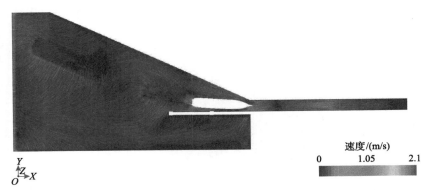

图 8-12　物理时间为 445.75s 时自由液面流线(颜色为以速度大小标识)

　　船舶在沿弧形轨迹航行时，为体现船舶在沿弧形轨迹航行时船体两侧受力的不同，本节将船体沿纵剖面分为左右两个表面，对两个表面的纵向力分别进行积分，沿船厢轴线方向定义为 x 轴，垂直于其轴线方向定义为 y 轴，对船舶左右两侧表面的受力分别积分，获取船舶左右两侧阻力及侧向力(绝对值)变化分别如图 8-13 和图 8-14 所示。

　　由图 8-13 和图 8-14 可知，在船舶航行至船厢上闸首附近时，船体左侧的阻力与侧向力开始明显低于右侧，这是因为此时船舶左侧水域面积较右侧更为充足，

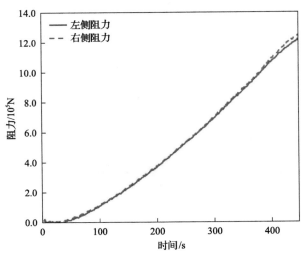

图 8-13　船舶阻力随时间的变化曲线

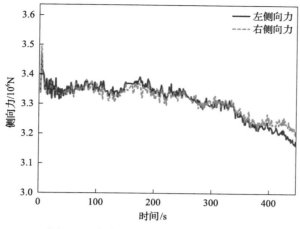

图 8-14　船舶侧向力随时间的变化曲线

所以船体左侧由岸壁效应引起的水动力增加将低于右侧。依据迭代计算获取的船舶左右两个区域的阻力，可以计算船舶所受力矩，据此推算船体两侧所需的推力与推力差，进而为船舶左右两侧主机输出功率的确定提供参考。在实际应用中，当船舶偏离预定轨迹时，可参照船舶左右两侧阻力曲线插值来确定指定主机的输出功率，将船舶及时、正确地调整到预定轨迹上。

8.3.3　进出船厢航行数据分析系统的构建

通过上述数值模拟仿真，充分讨论典型过厢船型在循固定航迹进入船厢时的受力特征。以此为参照，可对多种航迹的情况进行相似的模拟仿真过程，在仿真的输入参数与输出结果的基础上，构建船舶进出船厢水动力特征及操纵方法基础数据库，作为自主航行系统决策的数据参照。

通过对不同的船舶进出船厢工况进行多次数值试验，获取各种情况下的船舶运动响应曲线，并与非限制水域中的运动特征进行比较。基于运动幅值和曲线变化曲率的综合分析，本节提出两个重要的阈值，即盲肠效应感应阈值和厢内航行安全极限阈值。进一步地，本节构建了一个多输入多输出（multiple-input multiple-output，MIMO）系统，将影响船舶运动和受力的几何参数及运动参数作为输入项，将相应的运动响应和受力作为输出项，并分析输出项对输入项的依赖关系。根据前述两个阈值，本节反推出了相应的输入参数范围，并据此提出了升船机航行水域中船舶受限运动安全极限判定标准。

以船舶高效进出船厢，即最短进出船厢时间为最佳决策目标，以船舶安全极值为限定条件，基于 MIMO 系统计算船舶许用初始几何、运动参数，确定船舶速度、路径选择策略，构建船舶进出船厢航行数据分析系统，其分析决策流程如图 8-15 所示。

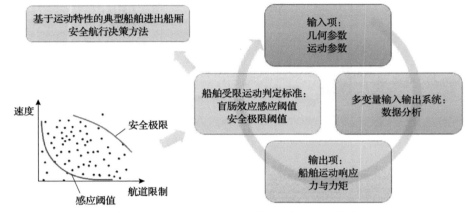

图 8-15　船舶进出船厢航行数据分析系统决策流程

在获取船舶进出船厢水动力特征及操纵基础数据库之后，需要通过智能算法来统筹决策，通过算法的优化，进一步提高智能决策方法的效率。

8.4　进出船厢安全航行智能决策思路与实现

8.4.1　进出船厢智能决策的基本思路

行为决策的目标是使船舶在下一个时刻的行为符合预定的最佳轨迹，但每种方法输出的数据形式不尽相同。例如，基于传统规则的行为决策算法倾向于得到船舶在下一个时刻期望的状态，是一个较为抽象的结果。而基于神经卷积网络学习的行为决策算法更倾向于直接得到船舶的控制量，如双机之间的功率或转速，是一个比较精确的数值。两种结果表达方式各有优缺点，用状态表达的优点是直观易懂、有利于与后续模块进行交接，缺点是准确度不够、没有数值量化。用船舶的控制量来表达行为决策的优点是准确直接，但是缺点也很明显，如不可解释。

运动轨迹一般是建立在考虑全局路径规划模块离线规划的路径和考虑船舶的运动学和动力学模型的基础上，由动态轨迹规划模块基于实时船舶水域环境信息动态生成船舶在未来短时间内的运动轨迹。基于采样算法的基本思想是：在指定的空间中通过随机采样得到大量可能的轨迹点，并在符合相关约束的条件下将获取的采样点集合作为决策结果。快速随机扩展树法和概率路图（probabilistic road map，PRM）法是两种比较典型的基于采样思想的算法。

快速随机扩展树法的做法是，初始化起点为 X_{init}，并作为根节点加入扩展树中；然后从采样域中生成一个随机点 X_{rand}；其次，搜索扩展树中的节点，寻找距离 X_{rand} 最近的点，最近的点标记为 X_{near}。若两者之间的距离 $D(X_{\text{near}}, X_{\text{rand}})$ 小于之前所设定的每一步的最大距离 d_{max}，则 X_{rand} 设为新节点 X_{new}，否则由式（8-28）

得到 X_{new} :

$$X_{\text{new}} = X_{\text{near}} + d_{\max} \frac{X_{\text{rand}} - X_{\text{near}}}{|X_{\text{rand}} - X_{\text{near}}|} \tag{8-28}$$

概率路图法是另一种常用的基于随机采样的路径规划算法，算法分为预处理和搜索两个阶段。在预处理阶段，该算法在状态空间中随机生成节点，连接每个节点的相邻点，检测难以连接的区域（如狭窄的通道），增加这些区域中的节点数并创建一个随机点网络图。在搜索阶段，该算法基于在预处理阶段创建的概率路线图进行搜索，找到连接起点和终点的路径，并在平滑后输出最终结果。

8.4.2　智能决策算法与实现

1）基于曲线插值的决策算法

基于曲线插值算法的运动规划可以用于路径生成和曲率平滑，被广泛应用于自动驾驶运动规划中。典型的曲线插值模型有回旋曲线（clothoid curve，CC）、贝塞尔曲线（Bezier curve，BC）、样条曲线和多项式曲线（polynomial curve，PC）等。

（1）回旋曲线：此类曲线用菲涅耳积分来定义。利用摆线曲线可以定义曲率线性变化的轨迹，因为它们的曲率等于它们的弧长，回旋曲线的曲率与曲线的长度成正比，可以使直线和曲线之间的连接更平滑。

（2）贝塞尔曲线：依赖于控制点来影响曲线的形状，贝塞尔曲线通过控制点确定曲线参数，其优点是计算成本低。

（3）样条曲线：按子区间划分的分段多项式参数曲线，可以定义为多项式曲线、B 样条或摆线曲线。样条曲线由多段多项式组成，前后两段多项式的衔接点处高阶可微，以保证曲线的连续性。

（4）多项式曲线：此类曲线通常用于满足插值点所需的约束条件。在开始和结束部分的期望值或约束将决定曲线的系数。纵向约束为四次多项式，横向约束为五次多项式，满足不同场景下所需参数，并将该曲线用于多种场景下的轨迹规划。

有很多用于描述船舶轨迹的高阶多项式形式，如四阶多项式、三阶多项式和五阶多项式。多项式曲线用于对各种开始状态和结束状态进行插值，以获得与运动约束和动态环境紧密联系的一系列连续运动轨迹，以及从多个生成的轨迹中选取获得的最佳参考轨迹。运动规划产生的轨迹必须满足船舶的运动学和曲率约束，要获得满足约束条件的轨迹，可以在满足约束条件的点之间插入多项式曲线。

结构化船舶运动规划中，通常水域信息可以作为先验知识，因此可以用计算机辅助几何设计进行运动规划，从而满足船舶的运动及自由度约束。插值法就是在先验路径点上构建和插入新的路径点。先验路径点可以满足船舶运动约束，因此插值后的结果往往也能满足这一特性。

近年来，神经网络和深度学习不断发展，用于解决智能决策领域的相关问题。智能决策问题的实质是构建含有多个隐藏层的神经网络，用于自动学习样本数据的特征，从而提升决策的精度，完成航迹决策任务。当数据量较大时，该方法能够提高学习效率并减少计算量。常用的典型基于神经网络的决策方法主要包括 BP 神经网络和长短期记忆（long short-term memory，LSTM）网络。

2）基于 BP 神经网络的智能决策

BP 神经网络是一种有监督的学习方法，解决决策问题时的网络模型如图 8-16 所示。该模型具有三层网络结构，包括输入层、隐藏层和输出层，其中预测模型的输入为 (c,v)，代表船舶历史航迹的航向和航速，模型输出为 $(\Delta\varphi,\Delta\lambda)$，代表下一时刻经度变化量和纬度变化量。在训练过程中，模型首先正向传递，输出模型的预测值，然后将预测值与实际值进行比较，计算实际误差，最后将误差进行反向传递，完成网络模型参数的更新，由此实现船舶智能决策。

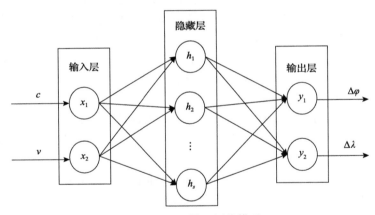

图 8-16　BP 神经网络模型

3）基于 LSTM 网络的智能决策

LSTM 网络具有长期记忆的能力，与循环神经网络不同，该网络将隐藏层单元替换为 LSTM 细胞，从而避免了梯度消失和梯度爆炸的问题。在采用 LSTM 网络预测船舶的航迹时，模型的输入为连续 n 个时刻船舶的经纬度信息 $Y(t-n+1)$，$Y(t-n+2),\cdots,Y(t-1),Y(t)$，模型输出为第 $t+1$ 时刻船舶的位置 $Y(t+1)$[9]，基于 LSTM 网络的预测模型可表示为

$$\hat{Y}(t+1) = f\{Y(t-n+1),Y(t-n+2),\cdots,Y(t-1),Y(t)\} \tag{8-29}$$

　　LSTM 网络的细胞结构如图 8-17 所示。在该细胞结构中，输入信息 C_{t-1} 和 h_{t-1} 首先到达遗忘门，完成对输入信息的选择性记忆与忘记，获得遗忘门的输出 f_t，然后输入门选择要存储的信息 i_t，并和遗忘门的值 f_t 进行累加，更新细胞状态，最后网络利用新的细胞状态 C_t 输出结果 O_t。

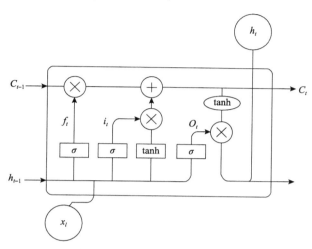

图 8-17　LSTM 网络的细胞结构

　　基于 BP 神经网络和 LSTM 网络算法的决策仍存在较大误差，特别是当目标航向突然发生变化时，亟待提出一种方法，该方法应具备避免建立船舶的运动学模型、能够提取航迹数据的时序规律且能对非线性航迹进行拟合等优点。深度强化学习作为一种免模型的学习方法，对未知环境数据具有较强的感知能力，且能解决时间轴上序贯决策问题，因此引入基于卷积神经网络和近端策略优化（convolutional neural networks-proximal policy optimization，CNN-PPO）的智能决策算法。

　　本节采用 CNN-PPO 模型，其中卷积神经网络（convolutional neural networks，CNN）是一类包含卷积计算且具有深度结构的前馈神经网络，是深度学习的代表算法之一。卷积神经网络具有表征学习能力，能够按其阶层结构对输入信息进行平移不变分类，因此也被称为"平移不变人工神经网络"[10]。近端策略优化（proximal policy optimization，PPO）是一种强化学习算法，能同时处理离散/连续动作空间问题，利于大规模训练。CNN-PPO 算法本质上是一种基于 Actor-Critic 框架的算法，它定义两个神经网络模型，一个为 Actor，另一个为 Critic。Actor 网络是策略部分的参数化网络，Critic 网络是对状态值函数进行参数化的网络，网络结构如图 8-18 所示。其中，网络的输入是已进行特征化表示的多维航迹特征矩阵，网络的输出是智能体在经度方向与纬度方向的位置变化量。

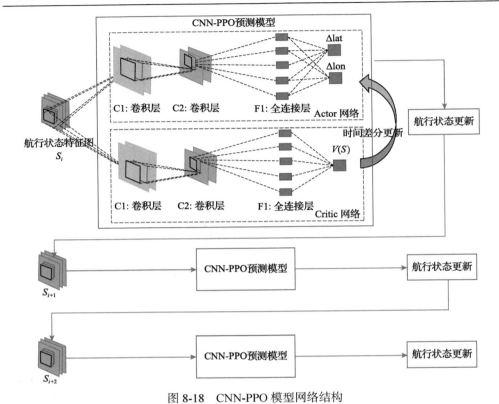

图 8-18　CNN-PPO 模型网络结构

CNN-PPO 算法有两处核心的改进：重要性采样和增加约束。在每一步决策中，网络做出船舶航迹预测的决策，并获得即时奖赏。在训练过程中，时间差分方法采用一步预测法计算状态值函数，并对网络参数进行更新，将策略网络进行参数化，得到网络参数梯度计算公式如下：

$$J(\theta) = E\left(\frac{\pi_\theta(s_i, a_i)}{\pi_{\theta_{old}}(s_i, a_i)} A_i(s_i, a_i) \right) - \beta \mathrm{KL}\left[\pi_\theta(s_i, a_i), \pi_{\theta_{old}}(s_i, a_i) \right] \qquad (8\text{-}30)$$

式中，i 为第 i 个决策需求索引；π_θ 为所采取的智能策略，在每次更新训练中使用；$\pi_{\theta_{old}}$ 为 π_θ 按照固定时间备份的策略，通过这种异策略的更新模式，策略更新更加稳定；s_i 为多维航迹特征矩阵。当前时刻 a_i 到下一时刻 a_{i+1} 船舶的经纬度变化量定义为决策，$A_i(s_i, a_i)$ 为优势函数，其含义是每步收益比期望收益高多少，作为评价器，指导网络进行训练。KL 为相对熵（Kullback-Leibler divergence，KL），其本质是信息熵，可以用来计算两种不同分布的相似程度，$\beta \mathrm{KL}\left[\pi_\theta(s_i, a_i), \pi_{\theta_{old}}(s_i, a_i) \right]$ 为正则项，用来保证采样分布和原分布较小的差距。

由此，可采用式(8-30)对网络模型的 Actor 网络和 Critic 网络进行参数更新和训练[11]。

本节建立了一种基于 CNN-PPO 的智能决策算法，将该算法植入船舶进出船厢航行智能决策系统，使其能够根据环境参数和船舶运动参数做出最优决策。开发可视化界面，避开繁复的算法过程，将船舶左右两台主机的建议功率显示在屏幕上，为船舶操纵者提供最直观的指导。该决策系统的可靠性依赖于对船舶航行参数的准确了解，对于不同的船型参数或主机参数，需要调整智能决策系统内对应的参数，针对目标船舶特征开发独有的决策系统，保障决策过程的可靠性和正确性。

8.4.3　船舶进出船厢效率优化方法

船舶进出船厢效率优化问题可转化为多边约束条件下的目标优化问题，其函数模型如下：

$$\begin{cases} y = f_{\min}(x) \\ x = [x_1, x_2, \cdots, x_n] \end{cases} \tag{8-31}$$

式中，y 为优化的目标函数；x 为影响因素自变量。

以典型船舶进出船厢时间最小为优化对象，优化函数通常是在连续空间内求得满足约束条件的最优解，约束条件设置如下：

$$\begin{cases} g_i(x) \leqslant 0, & i = 1, 2, \cdots, n \\ h_j(x) = 0, & j = 1, 2, \cdots, n \end{cases} \tag{8-32}$$

式中，$g_i(x)$ 和 $h_j(x)$ 分别为水域环境中的边界和水动力参数约束。

将水域环境中的边界及水动力参数作为约束参数，建立约束多边形。多边形的构造显示了所有的单个多边形呈凸形特征，因为非凸的多边形可能不易求得最优解，并且多边形的包络曲线也会考虑安全性。在基于优化理论求解最优轨迹时，需要将约束条件中的优化目标函数写成一个凸优化的形式，但是有时存在无法将周围环境抽象成一个凸优化的目标函数。同时，利用优化理论求解往往依赖于梯度迭代，计算所需的时间较长，无法保障在船舶操控中具有良好的实时性。对此进行改进，首先采样栅格地图，以生成粗略的路径规划结果，再基于优化理论优化路径的曲率，获得满足其几何约束的路径。使用最优的控制方法进行轨迹规划，此方法先使用动态求解找到第一个粗略路径，然后使用二次求解重新定义曲线。基于优化理论的经典运动规划可以生成满足水域环境和船舶约束的最优轨迹。

采用基于模型的算法考虑了船舶的运动自由度约束，进而保证平滑性和可行性。首先通过明确地考虑船舶的运动模型，推导出可行轨迹族及其相应的转向控制的封闭形式。在此基础上，针对动态变化环境提出一种新的避碰条件，该条件由时间判据和几何判据组成，在变换后的空间和原工作空间均具有明确的物理意义。通过添加回避条件，可以确定一个(或一类)封闭形式的无碰撞路径。该路径满足所有边界条件，具有二次可微性，并可在检测到环境变化时实时更新，给出问题的可解性条件。其次，在此基础上可采用约束路径规划方法，该方法基于一个特殊的搜索空间，对可行路径进行有效编码，生成一个空间上不同路径的近似最小集合。这个集合表达了受约束运动的局部连通性，并定义启发式搜索，从而建立出一个非常高效的路径规划器。

基于以上方法，构成典型船舶进出船厢智能决策方法的完整路径，通过对不同船型在多种工况下的综合计算与试验，丰富船舶运动与主机功率控制的数据库，提高对应关系函数的准确度，实现船舶进出船厢现代化的智能主动决策的可靠性与高效性。

8.5 小 结

本章针对船舶在升船机航行水域中进出船厢的场景，提出了一种基于循迹与避碰理论的自主航行决策规则，并设计了相应的安全操纵流程。为了验证该规则的有效性和可行性，本章对典型船舶进行了进入船厢过程的数值模拟，探讨了数值方法在获取航行参数与操纵方法数据库及其在构建船舶进出船厢数据分析系统方面的可行性。同时，本章还探讨了利用数值方法构建航行参数与操纵方法数据库，以及基于数据分析系统进行进出船厢智能决策的可能性和优势分析。此外，本章还比较了不同的智能算法在进出船厢决策过程中的特点和适用性，并提出了一种优化方法，旨在提高船舶进出船厢的效率。

参 考 文 献

[1] Vrijburcht A. Calculations of wave height and ship speed when entering a lock[R]. Delft: Delft Hydraulics Laboratory, 1988.

[2] Vergote T, Eloot K, Vantorre M, et al. Hydrodynamics of a ship while entering a lock[C]. The 3rd International Conference on Ship Manoeuvring in Shallow and Confined Water, Ghent, 2013: 1-9.

[3] 李丽玲. 内河典型航道船舶自主航行决策方法研究[D]. 武汉: 武汉理工大学, 2021.

[4] Coldwell T G. Marine traffic behaviour in restricted waters[J]. Journal of Navigation, 1983, 36(3): 430-444.

[5] 沈海青. 基于强化学习的无人船舶避碰导航及控制[D]. 大连: 大连海事大学, 2018.

[6] Mou J M, Li M X, Hu W X, et al. Mechanism of dynamic automatic collision avoidance and the optimal route in multi-ship encounter situations[J]. Journal of Marine Science and Technology, 2021, 26(1): 141-158.

[7] 赵健男. 基于智能控制的船舶路径规划及目标循迹[D]. 哈尔滨: 哈尔滨工业大学, 2020.

[8] 姜佰辰, 关键, 周伟, 等. 基于多项式卡尔曼滤波的船舶轨迹预测算法[J]. 信号处理, 2019, 35(5): 741-746.

[9] 权波, 杨博辰, 胡可奇, 等. 基于 LSTM 的船舶航迹预测模型[J]. 计算机科学, 2018, 45(S2): 126-131.

[10] Zhang W, Tanida J, Itoh K, et al. Shift-invariant pattern recognition neural network and its optical architecture[C]. Annual Conference of the Japan Society of Applied Physics, Tokyo, 1988: 2147-2151.

[11] 解靖怡. 基于航行策略学习的船舶航迹预测方法研究[D]. 北京: 中国科学院大学, 2021.

第9章 船舶进出船厢运动状态感知技术

9.1 引 言

针对船舶进出船厢耗时长、易擦碰通航设施等问题，本章采用先进的信息化监测手段，对船舶进出船厢运动过程进行精确感知，进而提供辅助导航服务，以提高通航效率。通常船舶的信息化监测手段主要包括海事雷达、船舶自动识别系统（AIS）、激光雷达、毫米波雷达、光学摄像机等。不同感知设备的最大作用距离和限制条件均有所不同，如表 9-1 所示。其中，符号"●"代表可测量，符号"—"代表不可测量。

表 9-1 不同信息化监测手段特征和优缺点对比

监测设备	作用范围	适用目标	测量内容				优势	局限性
			船舶身份	位置	速度	航向		
船舶 AIS	0～30km	装有 AIS 船载终端的船舶	●	●	●	●	监测信息丰富，精度高	无法探测到未装 AIS 终端或 AIS 终端未正常工作的船舶，实时性差
海事雷达	0.1～20km	具有雷达波反射能力的船舶	—	●	●	●	监测精度高，可靠性高	无法识别目标身份，雷达参数调整难度大
光学摄像机	0～2km	水面物体	●	●	—	—	监测信息丰富	难以对目标进行速度和航向测量
毫米波雷达	0～300m	水面物体	—	●	●	●	测距和测速精度高	无法识别目标身份，数据容易跳变，测量距离短
激光雷达	0～300m	具有光学漫反射特征的水面物体	—	●	●	●	监测精度高，能输出速度和航向	无法识别目标身份，测量距离短，数据处理计算量大

考虑到船舶在升船机船厢、船闸闸室等受限水域航行，船舶 AIS 所依赖的北斗全球卫星定位系统信号易受遮挡，难以准确测量船舶位置，导致船舶 AIS 位置、航速等监测结果存在误差；海事雷达作用距离受通航建筑物本身的遮挡，测量范围受限；而毫米波雷达、激光雷达和光学摄像机的作用距离、测量精度均满足受限水域船舶的监测需求。针对三峡升船机水域，如图 9-1 所示，在上下游靠船墩间的升船机水域，采用以激光雷达和毫米波雷达定位测速为主、以摄像头为辅的

监测手段，以实现船舶局部区域的高精度监测。在靠船墩外的远距离水域，采用海事雷达、船舶 AIS、光学摄像机采集船舶目标数据，通过数据融合获取连续、精确、稳定的船舶监测目标数据，全面提升升船机的安全性。

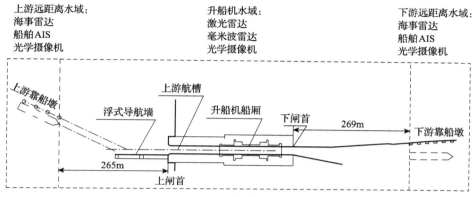

图 9-1　助航信息服务

9.2　船舶运动状态监测技术

本节主要对常见的船舶运动状态信息监测手段进行分析论述，包括基于海事雷达、毫米波雷达、船舶 AIS、激光雷达以及基于视觉的船舶监测技术。

9.2.1　基于海事雷达与毫米波雷达的船舶运动状态监测

海事雷达一般用于导航与船舶动态监管，按照发射信号种类分为脉冲和连续波两种。在船闸、升船机等受限水域，管理部门通过海事雷达对船舶进行动态监管。对于海事监管雷达，首先，需要获取船舶实时位置和速度信息；其次，雷达要求盲区小，最大作用范围适中，一般在 2km 范围即可满足过闸引航的要求；最后，船舶过闸定位监控要求较高的船舶位置精度，因此雷达需要具有较高的分辨率和测量精度。

调频连续波雷达由收发器和带微处理器的控制单元组成，并使用 2 个收发分离的微带天线。海事导航中常采用海事调频连续波雷达，其发射的信号多为三角波或锯齿波，具有分辨率高、精度高的明显优势。此外，调频连续波雷达收发同时，理论上不存在脉冲雷达的测距盲区，并且发射信号的平均功率等于峰值功率，测距量程适中，满足过闸引航的需求。

以三角波调频连续波为例，如图 9-2 所示，虚线为发射信号频率，实线为接收信号频率，扫频周期为 T，扫频带宽为 B，岸基雷达发射信号经过船舶反射回波信号存在延时，在三角形的频率变化中，可以在上升沿和下降沿进行船舶距离测量。

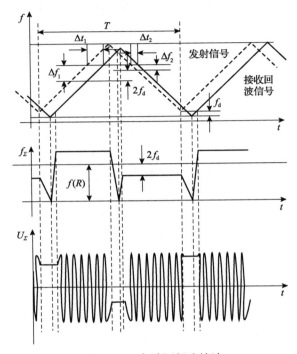

图 9-2　三角波调频连续波

若无多普勒频率，则上升沿期间的频率差值等于下降沿期间的测量值。对于运动船舶目标，上升/下降沿期间的频率差不同，可通过这两个频率差来测距和测速，目标距离 R 为

$$R = \frac{c|\Delta t|}{2} = \frac{c|\Delta f|}{2K_r} = \frac{c|\Delta f_1 + \Delta f_2|}{4K_r} \tag{9-1}$$

式中，c 为光速；Δf_1 与 Δf_2 为需要测量的频差；K_r 为已知的调频斜率；Δt 为时间差。

目标速度 v 为

$$v = \frac{\lambda}{2}f_d = \frac{\lambda}{4}|\Delta f_1 - \Delta f_2| \tag{9-2}$$

式中，f_d 为运动目标的多普勒频差；λ 为信号波长。

海事雷达的差拍信号经低通滤波和放大后传输给数字信号处理器，完成对差拍信号的快速傅里叶变换（fast Fourier transform，FFT）和检测，对船舶运动数据进行计算后获得船舶的距离、方位角、航速等信息。

毫米波雷达与海事雷达的探测原理较为
接近，但信号处理方法有较大的差异。海事雷
达提供的信息是粗略的感知信息，而毫米波雷
达提供的信息是精确的目标运动信息。在升船
机运行管理中应用时，毫米波雷达信号处理系
统通过模数转换(analog to digital，A/D)对接收
信号进行采样，采样数据被存入现场可编程门
阵列(field programmable gate array，FPGA)内部
的先入先出队列(first input first output，FIFO)进
行组合和缓存，然后数据被搬移至数字信号处
理单元(digital signal processing，DSP)的缓冲内
存中，根据雷达波信号进行一系列加工处理，
对目标物的距离、速度进行精确识别，如图 9-3
所示，具体主要包括以下步骤：

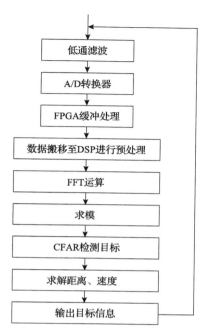

图 9-3　毫米波雷达信号处理流程

(1)DSP 对反射信号的数据进行预处理，包
括加窗、滤波等。

(2)对每个调频周期内的数据进行 FFT 运
算，并对运算后的结果进行求模运算。

(3)对求模运算后的结果进行恒虚警率(constant false alarm rate，CFAR)检测
处理，消除杂波对目标信息的影响。

(4)根据检测出的目标频谱信息求取目标距离和速度。

(5)将目标信息发送给后台数据处理。

9.2.2　基于船舶自动识别系统的船舶运动状态监测

船舶 AIS 是一种新型的船舶信息化系统，具有识别目标船的航向、航速、呼
号、船长、船宽、吃水、船位、目的港等功能。船舶 AIS 的航速、船位、航迹由
北斗/全球定位系统(global positioning system，GPS)提供，艏向由电罗经提供。在
升船机等受限水域中，船舶与环境的尺度较为接近，常规北斗/GPS 设备定位精度
难以满足船舶导航定位的需求；升船机等通航建筑物会对北斗/GPS 信号造成遮
挡，导致进出船厢时船舶定位不精确。

传统的基于北斗/GPS 的船舶定位方式一般采用伪距测量定位技术，该技术的
定位精度较低，在船舶进出船厢时无法满足导航及监管要求，而载波相位差分技
术作为一种全新的定位技术，由于其定位精度高且定位速度快，近年来在三峡、
葛洲坝等地得到了广泛应用。

基于差分北斗/GPS 的船舶定位主要是依据卫星时钟误差、卫星星历误差、电离层延时与对流层延时所具有的空间相关性和时间相关性进行一系列复杂的差分运算。其基本原理可概括为在升船机岸端固定安装 1 台北斗/GPS 接收机作为基准站，利用基准站已知的精确位置坐标获得基准站到北斗/GPS 卫星的距离差分校正量，并以广播或数据通信链的传输方式将差分校正量实时地发送出去，船载端的北斗/GPS 接收机利用岸端的基准站通过特定通信链发送过来的相关差分校正量，对船舶的定位结果进行实时校正，进而有效地帮助船舶获取高精度的定位信息。图 9-4 为基于差分北斗/GPS 的船舶定位技术原理。

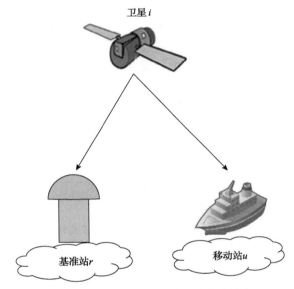

图 9-4　基于差分北斗/GPS 的船舶定位技术原理

基准站 r 和移动站 u 对卫星 i 的载波相位观测值 $\varphi_r^{(i)}$ 和 $\varphi_u^{(i)}$ 可分别表示为

$$\varphi_r^{(i)} = \lambda^{-1}\left(r_r^{(i)} - I_r^{(i)} + T_r^{(i)}\right) + f\left(\delta t_r - \delta t^{(i)}\right) + N_r^{(i)} + \varepsilon_{\varphi,r}^{(i)} \tag{9-3}$$

$$\varphi_u^{(i)} = \lambda^{-1}\left(r_u^{(i)} - I_u^{(i)} + T_u^{(i)}\right) + f\left(\delta t_u - \delta t^{(i)}\right) + N_u^{(i)} + \varepsilon_{\varphi,u}^{(i)} \tag{9-4}$$

式中，λ 为载波波长；$r_r^{(i)}$、$r_u^{(i)}$ 分别为基准站和移动站到卫星 i 的几何距离；$I_r^{(i)}$、$I_u^{(i)}$ 分别为基准站和移动站的电离层延迟；$T_r^{(i)}$、$T_u^{(i)}$ 分别为基准站和移动站的对流层延迟；f 为载波频率；δt_r、δt_u 分别为基准站和移动站的接收机时钟差；$\delta t^{(i)}$ 为卫星 i 时钟差；$N_r^{(i)}$、$N_u^{(i)}$ 分别为基准站和移动站的整周模糊度；$\varepsilon_{\varphi,r}^{(i)}$、$\varepsilon_{\varphi,u}^{(i)}$ 分别为基准站和移动站的测量噪声。

将式(9-3)和式(9-4)做差,可得差分定位计算公式:

$$\varphi_{ur}^{(i)} = \lambda^{-1}\left(r_{ur}^{(i)} - I_{ur}^{(i)} + T_{ur}^{(i)}\right) + f\delta t_{ur} + N_{ur}^{(i)} + \varepsilon_{\varphi,ur}^{(i)} \tag{9-5}$$

在短基线情况下,差分电离层延迟 $I_{ur}^{(i)}$ 和对流层延迟 $T_{ur}^{(i)}$ 约等于零,因此可将式(9-5)简化为

$$\varphi_{ur}^{(i)} = \lambda^{-1} r_{ur}^{(i)} + f\delta t_{ur} + N_{ur}^{(i)} + \varepsilon_{\varphi,ur}^{(i)} \tag{9-6}$$

通过差分可以消除卫星时钟差、电离层延迟和对流层延迟。

假设移动站接收机 u 和基准站接收机 r 同时跟踪卫星 i 和卫星 j,可得对卫星 j 的差分载波相位测量值为

$$\varphi_{ur}^{(j)} = \lambda^{-1}\left(r_{ur}^{(j)} - I_{ur}^{(j)} + T_{ur}^{(j)}\right) + f\delta t_{ur} + N_{ur}^{(j)} + \varepsilon_{\varphi,ur}^{(j)} \tag{9-7}$$

将两个差分测量值做一次差分,可得双差载波相位测量值为

$$\varphi_{ur}^{(ij)} = \lambda^{-1} r_{ur}^{(ij)} + N_{ur}^{(ij)} + \varepsilon_{\varphi,ur}^{(ij)} \tag{9-8}$$

假设基准站与移动站之间的基线向量为 b_{ur} ,有

$$r_{ur}^{(ij)} = -b_{ur}1_r^{(i)} + b_{ur}1_r^{(j)} = -\left(1_r^{(i)} - 1_r^{(j)}\right)b_{ur} \tag{9-9}$$

9.2.3　基于激光雷达的船舶运动状态监测

三维激光雷达[1](light detection and ranging,LiDAR)能提供全天候、高分辨率的实时三维点云,通过数据处理可获得船舶的实时位置与姿态,辅助船舶驾驶员和岸端监控调度中心掌握船舶航行动态,提高船舶进出船厢的航行安全性和效率。

1. 船舶位置感知

船舶进厢过程中,首先在靠船墩等待,然后航行至浮式导航墙,再直航进入船厢。船舶进厢过程中主要关注船舶与禁停线的距离和船舶实时航速,通过激光雷达标定、船舶点云提取、点云滤波处理并结合特征点提取、帧差等步骤,计算航速船距,如图9-5所示。

1)激光雷达标定

预处理过程首先需要对三维激光雷达传感器进行参数标定,标定通常分为内参标定和外参标定两种。内参标定即激光雷达激光发射接收模块与本身的坐标转

化。外参标定是激光雷达本身坐标系与大地坐标系之间通过平移矩阵和旋转矩阵的转化过程[2]。

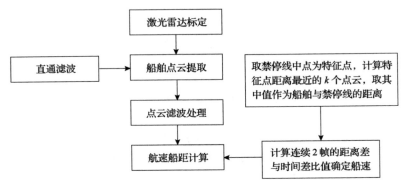

图 9-5　航速船距计算流程

为最大限度获取船厢及引航道水域点云数据，船厢两侧的激光雷达需要旋转一定角度安装。为此，在外参标定时，主要实现激光雷达坐标系 $\{a\}=(x,y,z)$（以激光雷达中心为原点的坐标系）与船厢坐标系 $\{n\}=(X,Y,Z)$（以禁停线中心为原点，Z 轴垂直于水面朝上）的转换。激光雷达的坐标系如图 9-6 所示，z 轴垂直于底面朝上，x 轴垂直于后壳体朝前。

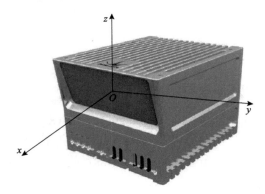

图 9-6　激光雷达坐标系

假设 ϕ、θ 和 ψ 分别为绕 x 轴、y 轴和 z 轴的旋转角度，则其旋转矩阵分别为 $R_{x,\phi}$、$R_{y,\theta}$ 和 $R_{z,\psi}$，如式(9-10)～式(9-12)所示：

$$R_{x,\phi}=\begin{bmatrix} 1 & 0 & 0 \\ 0 & \cos\phi & -\sin\phi \\ 0 & \sin\phi & \cos\phi \end{bmatrix} \tag{9-10}$$

$$R_{y,\theta} = \begin{bmatrix} \cos\theta & 0 & \sin\theta \\ 0 & 1 & 0 \\ -\sin\theta & 0 & \cos\theta \end{bmatrix} \tag{9-11}$$

$$R_{z,\psi} = \begin{bmatrix} \cos\psi & -\sin\psi & 0 \\ \sin\psi & \cos\psi & 0 \\ 0 & 0 & 1 \end{bmatrix} \tag{9-12}$$

假设 t 时刻某一点云在激光雷达坐标系下的坐标为 (x,y,z)，则其对应在船厢坐标系下的坐标为 (X,Y,Z)，坐标转换公式如下：

$$\begin{bmatrix} X \\ Y \\ Z \end{bmatrix} = \begin{bmatrix} a \\ b \\ c \end{bmatrix} + R_{x,\phi} R_{y,\theta} R_{z,\psi} \begin{bmatrix} x \\ y \\ z \end{bmatrix} \tag{9-13}$$

式中，a、b、c 为 t 时刻激光雷达与船厢坐标系原点的差值。

2）船舶点云提取

在上述基础上，通过直通滤波分别对 X 轴、Y 轴、Z 轴进行限定，去除船厢岸边建筑物、水面波纹等干扰点云，保留水面以上且在水域范围内的点云，进而快速提取船舶水线以上的船身点云数据，便于后续位置及姿态计算，如图 9-7 所示。

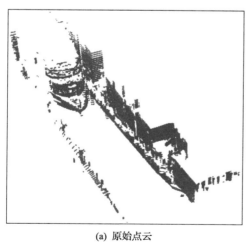

(a) 原始点云　　　　　　　　　(b) 船舶点云

图 9-7　船舶点云提取

3）点云滤波处理

激光雷达除了自身测量误差外，还会受到外界环境如水面反射杂波、船舶烟气等的影响。因此，点云滤波是激光点云数据处理过程中至关重要的一步。点云滤波方法主要包括统计滤波、半径滤波、投影滤波和体素滤波。

（1）统计滤波。

统计滤波器对每一个点的邻域进行空间特征统计分析，计算该点到邻域内所有点的平均距离[3]。假设得到的结果为高斯分布，其形状由均值和标准差决定，如图9-8所示。

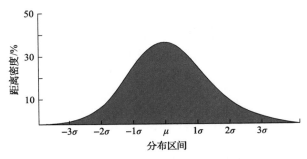

图9-8　点云距离高斯分布示意图

设置邻近点数量阈值后，则距离在 $\mu \pm n\sigma$ 范围外的邻近点将被视为噪点剔除。该点与邻近点的平均距离 μ 和标准差 σ 计算公式为

$$\mu = \frac{\sum_{i=1}^{n} S_i}{n} \tag{9-14}$$

$$\sigma = \frac{\sum_{i=1}^{n}(S_i - \mu)^2}{n} \tag{9-15}$$

式中，n 为标准差倍数，阈值范围一般在 1～2。

（2）半径滤波。

半径滤波需要设定半径阈值 r 及半径范围内邻近点数量阈值 n。若某一点云半径为 r 的范围内邻近点数量小于 n，则该点被剔除，反之保留。半径滤波原理如图9-9所示。假设邻近点数量阈值为2，则图9-9中五角星的点视为有效数据保留，三角形的点视为噪点剔除。若邻近点数量阈值设置为 4，则五角星点和三角形点均被剔除。

（3）投影滤波。

投影滤波通过设置几何模型作为过滤器，将点云投影至该模型，调整点云中每个点的位置，从而实现噪声点云的剔除。船舶随着水面波动而上下浮动，通过投影至OXY平面，可过滤船舶上下浮动的影响，如图 9-10 所示。

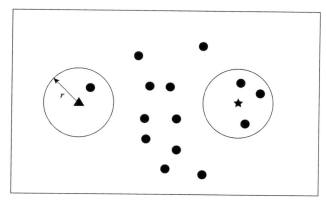

图 9-9 半径滤波算法示意图

(a) 原始点云

(b) 投影后

图 9-10 投影滤波效果图

(4) 体素滤波。

体素化是为了在保持点云表面特征点的同时滤除不具备特征的冗余点云。激光点云数据数量庞大、点云密集，同时含有许多对描述物体形状特征没有任何作用的点，因此需要对点云进行体素滤波，在减少点云数量的同时保留可体现形状轮廓特征的点云，其具体实现思想如下。

①栅格边长L的计算：栅格边长L过大会造成搜索效率降低，过小则会造成栅格不含点云的空白情况。小立方体的栅格边长与该空间内点云的邻近点个数成正比[4]，与该空间内点云的平均点云密度成反比，当空间内点云的平均密度较小时，L需取值相对较大，反之L需取值相对较小。

通过获得点云沿各方向的坐标最大值及最小值，可建立最小包围盒，计算公式为

$$V = L_x L_y L_z \tag{9-16}$$

式中，V 为最小包围盒的体积；$L_x = x_{\max} - x_{\min}$；$L_y = y_{\max} - y_{\min}$；$L_z = z_{\max} - z_{\min}$。

计算小立方体的栅格长度采用式(9-17)：

$$L = a^3 \sqrt{s / g} \tag{9-17}$$

式中，a 为标量，通过改变 a 的大小可改变所求小立方体的栅格边长；s 为比例系数；g 为小栅格中点云个数。

单位体素栅格内容纳的点云个数为

$$n = N / V \tag{9-18}$$

式中，N 为点云总个数。将式(9-16)和式(9-17)代入式(9-18)可得

$$L = a^3 \sqrt{s L_x L_y L_z / N} \tag{9-19}$$

②点云划分：将点云数据划分成 $m \times n \times l$ 个小立方体。

$$\begin{cases} m = \lceil L_x / L \rceil \\ n = \lceil L_y / L \rceil \\ l = \lceil L_z / L \rceil \end{cases} \tag{9-20}$$

式中，$\lceil \ \rceil$ 表示向上取整。利用 k 维树(k-dimensional tree，KD-Tree)的空间索引结构实现 K 近邻(k-nearest neighbor，KNN)搜索，构建点和点之间的几何拓扑关系，统计每个数据点的邻近点。

③法向量估计：根据每个点云数据点 p_i 及其 k 近邻点，利用最小二乘法对点云数据点进行平面拟合。其中，最小二乘局部平面 H 为

$$H(n,d) = \arg\min_{(n,d)} \sum_{i=1}^{k} \theta(\|p_i - p\|)(n \times p_i - d)^2 \tag{9-21}$$

式中，$\theta(x)$ 为高斯权重；n 为平面 H 的法向量；d 为坐标原点到平面 H 的最近距离。

④代表点的选取：根据上述步骤求出每个数据点 p_i 的邻域和法向量，进而计算数据点和邻域内所有邻近点的法向夹角。法向夹角越大，表示该点在其 K 近邻周围的曲率起伏变化越大，几何特征轮廓也就越锋利；相反，法向夹角越小，表

示该点在其 K 近邻周围的曲率起伏变化越小，几何特征轮廓也就越平缓。设定一个作为判定标准的角度阈值，当法向夹角大于该阈值时，视该采样点为特征点，通过调整标量 a 的大小来改变立方体栅格边长 L，从而保留更多的特征数据点；当法向夹角小于该阈值时，将该采样点定义为非特征点，通过调整标量 a 的大小来改变立方体栅格边长 L，令特征数据点更少保留。用每个栅格中的重心近似代替其他点，体素重心为

$$\begin{cases} X_{\text{ct}} = \dfrac{\sum\limits_{i=1}^{g} x_i}{g} \\[2mm] Y_{\text{ct}} = \dfrac{\sum\limits_{i=1}^{g} y_i}{g} \\[2mm] Z_{\text{ct}} = \dfrac{\sum\limits_{i=1}^{g} z_i}{g} \end{cases} \tag{9-22}$$

4）航速船距计算

以船舶进出船厢为例，取禁停线的中心点作为特征点，利用 KD-Tree 方法获取与特征点最近的船舶 k_n 个云点，按照与特征点的距离排序，取其中值作为船舶至禁停线的距离，以降低噪点的影响，并通过连续 2 帧点云解算船舶实际移动距离，从而获得航速，并通过多新息卡尔曼滤波器进行平滑滤波。

KD-Tree 是一种用来分割 k 维数据空间的高维空间索引结构，其本质就是一个带约束的二叉搜索树，基于 KD-Tree 的近似查询算法可以快速准确地找到查询点的近邻，经常应用于特征点匹配中的相似性算法。对于三维点云，所有的 KD-Tree 都是三维的，构建 KD-Tree 是一个逐级展开的递归过程，在每一级展开时都使用垂直于相应轴的超平面沿特定维度分割所有剩下的数据集。在 KD-Tree 的根节点上，所有数据都将根据第一个维度进行拆分(若第一个维度坐标小于根节点数据，则子数据将位于左子树中；若子数据大于根节点数据，则子元素位于右子树中)。KD-Tree 中的下一层在下一个维度上进行划分，在其他维度都用尽后，将返回到第一个维度。构建 KD-Tree 最有效的方法是使用一种类似于快速排序的分区方法，将中间点放在根节点上，然后将比中间点小的数值放在左子树上，比中间点大的数值放在右子树上，最后在左右子树上重复此过程，直到分割至最后一个元素。

采用多新息卡尔曼滤波器对激光雷达测得的信息进行滤波，主要步骤如下。

(1)状态预测，表达式为

$$\hat{x}_k = Ax_{k-1} + Bu_k \tag{9-23}$$

式中，A 为状态转移矩阵；$\hat{x}_k$ 为当前时刻的估计值；x_{k-1} 为上一时刻的最优估计值；B 为当前时刻的控制矩阵；u_k 为当前时刻的控制量。取状态向量 x 为船舶位置、速度和加速度。

(2)误差协方差预测，表达式为

$$P_{\bar{k}} = AP_{k-1}A^{\mathrm{T}} + Q \tag{9-24}$$

式中，P 为误差协方差矩阵；Q 为过程噪声。

(3)滤波增益更新，表达式为

$$K_k = P_{\bar{k}}H^{\mathrm{T}}\left(HP_{\bar{k}}H^{\mathrm{T}} + R\right)^{-1} \tag{9-25}$$

式中，K_k 为 k 时刻的滤波增益矩阵；H 为观测矩阵；R 为过程噪声，其值根据实际情况给定。取观测向量 z_k 为 k 时刻激光雷达测得的船距与航速。

(4)扩展滤波增益矩阵更新，表达式为

$$K(p,k) = \begin{bmatrix} K_k & K_{k-1} & \cdots & K_{k-p+1} \end{bmatrix}^{\mathrm{T}} \tag{9-26}$$

式中，$K(p,k)$ 为 k 时刻的扩展滤波增益矩阵；p 为新息长度。

(5)误差状态修正，表达式为

$$x_k = \hat{x}_k + K(p,k) \cdot E(p,k) \tag{9-27}$$

式中，x_k 为修正后的船舶速度与加速度；$E(p,k)$ 为多新息矩阵，表达式为

$$E(p,k) = \begin{bmatrix} z_k - H\hat{x}_k \\ z_{k-1} - H\hat{x}_{k-1} \\ \vdots \\ z_{k-p+1} - H\hat{x}_{k-p+1} \end{bmatrix} \tag{9-28}$$

(6)误差协方差修正，表达式为

$$P_k = (1 - K_kH)P_{\bar{k}} \tag{9-29}$$

(7)将更新后的 x_k 和 P_k 代入步骤(1)和(2)进行循环，进行下一时刻的监测，实现高精度航速与船距的实时输出。

　　为对所提出的方法进行验证，本节采用测速轮(图 9-11)测量航速并进行比较。以蓝箭 208 号下行进厢(图 9-12)为例，其距离测量结果和速度测量结果如图 9-13 和图 9-14 所示。由图 9-13 和图 9-14 可以看出，激光雷达与测速轮的船距、航速测量结果均较为接近。

图 9-11　测速轮测速

图 9-12　蓝箭 208 号下行进厢

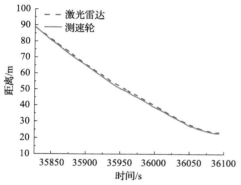

图 9-13　蓝箭 208 号距离测量结果对比

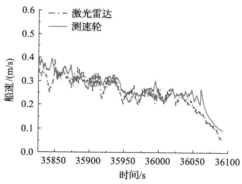

图 9-14　蓝箭 208 号速度测量结果对比

2. 船舶姿态感知

　　船舶姿态的精确感知，可为船舶安全航行提供优化控制策略，辅助进出升船机船舶安全驾驶。船舶的姿态感知问题是确定船舶绕坐标轴旋转的角度，包括绕 Z 轴转动的偏航角、绕 Y 轴转动的俯仰角以及绕 X 轴转动的横滚角[5]，其中偏航角对船舶路径规划与决策的影响最大，因此可将三维点云投影至二维平面进行分析，一方面可以降低点噪点的影响，另一方面可以减小运算量，缩短结果输出时间。在现有的姿态估计方法中，基于目标距离的主要方法有矩形包围盒法、主成分分析(principal component analysis，PCA)法、基于特征匹配的方法以及基于深度学习的方法。

1)矩形包围盒法
　　矩形包围盒法主要是寻找包围目标点云的外接矩形，并考虑矩形面积最小化、点到边接近度最大化、点到边平方误差最小化等标准选择拟合的矩形，并以外接矩形的走向表征目标方位角。

以矩形面积最小化为例，分别将目标点云投影至 OXY、OYZ 和 OXZ 平面，分别对 OXY、OYZ 和 OXZ 三个平面的投影点云进行最小外接矩形的拟合，并以拟合后的各个投影平面最小外接矩形长轴为基准，构成目标坐标系的三个坐标轴。此外，还可直接对三维点云进行最小外接矩形拟合，如图 9-15 所示，得到的最小外接长方体的任一顶点相接的三个边即为构成目标坐标系的三个坐标轴，进一步可表征目标的方位。

2) 主成分分析法

主成分分析法通过直接计算点云在三维空间的三个主方向来确定船舶姿态，具有简单高效的特点。但该方法依赖于点的分布情况，当目标包含完整的三维点云时，可以比较准确地估计出目标姿态，而实际中，由于目标的遮挡等[6]，所得到的目标点云是单个视点下不完整数据，使 PCA 估计的姿态角与真实值相差较大。

PCA 法的实现过程大体可表述为：将所有样本 X 减去样本均值 m，再乘以样本的协方差矩阵 C 的特征向量 V，使获得的特征向量 V 以特征值的大小为标准进行降序排列，前三行对应的特征向量即为目标坐标系的三个坐标轴，如图 9-16 所示。

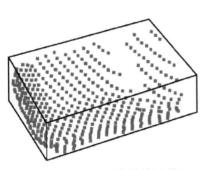
图 9-15 点云最小外接矩形

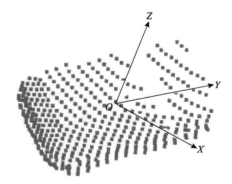
图 9-16 PCA 法姿态感知

3) 基于特征匹配的方法

基于特征匹配的方法一般应用于目标已知的情况，对目标姿态的感知。该方法需要先建立目标各个姿态的模板库，然后通过提取目标的特征和模板库中模型的特征进行匹配，匹配分最高的姿态模型即为所求的姿态，如图 9-17 所示。这种基于特征匹配的姿态感知方法，一般要求目标已知，通常在目标识别完成之后确定目标的姿态，同时很难建立这种包含所有姿态角的模板库，且需要大量的搜索匹配时间。

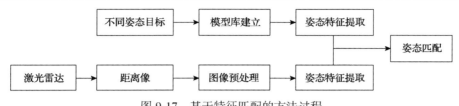

图 9-17　基于特征匹配的方法过程

4) 基于深度学习的方法

基于深度学习的姿态估计方法，一般针对二维图像，通过卷积神经网络获取姿态角数据。该方法需要大量的样本数据以供训练，对图像分辨率的要求较高。

由于船舶航行过程中存在不同程度的遮挡，如图 9-18(a)所示，船舶距离激光雷达较近时，点云大多集中在船首，部分点云分布在靠近激光雷达的一侧，另一侧因遮挡而几乎无有效点云。部分散货船船身中部同样难以获取有效点云，导致模型不完整，如图 9-18(b)所示。

(a) 情形一　　　　　　　　　　　　　　(b) 情形二

图 9-18　船舶点云分布不均

针对上述两种情况，采用矩形包围盒法(包括矩形面积最小化、点到边接近度最大化、点到边平方误差最小化)[7]与 PCA 法均未能建立有效矩形框，如图 9-19 所示。

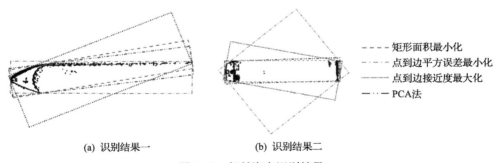

- - - - 矩形面积最小化
- · - · 点到边平方误差最小化
········ 点到边接近度最大化
——— PCA 法

(a) 识别结果一　　　　　　　　　(b) 识别结果二

图 9-19　船舶姿态识别结果

由图 9-19 可以看出，矩形面积最小化与 PCA 法的结果较接近，点到边接近度最大化与点到边平方误差最小化的结果较接近。矩形面积最小化与 PCA 法的结果误差主要是由船身另一侧点云缺失引起的，而点到边接近度最大化与点到边平方误差最小化的结果误差主要是由船首的点云数量远大于船身的点云数量引起的，因此矩形框边缘会尽量接近船首边缘。针对上述方法均存在姿态角估计困难的问题，本节基于矩形包围盒法提出了一种针对船舶航行场景的自适应姿态估计方法，如图 9-20 所示（以船舶进厢为例），以避免因船舶遮挡而造成的误差。

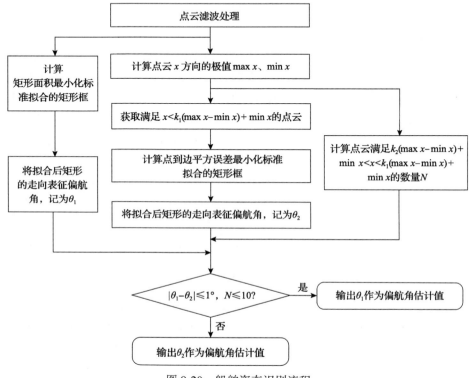

图 9-20　船舶姿态识别流程

图 9-21 显示了改进后船舶姿态识别结果。由图可以看出，利用本节所提出的方法获得的结果具有较高鲁棒性。

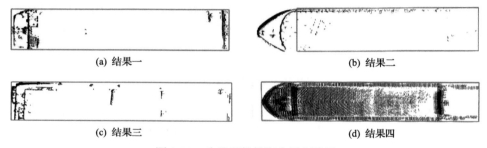

(a) 结果一　　　　　　　　　　　　　　(b) 结果二

(c) 结果三　　　　　　　　　　　　　　(d) 结果四

图 9-21　改进后船舶姿态识别结果

9.2.4　基于视觉的船舶运动状态监测

利用基于视觉的船舶运动状态监测数据，开展基于深度学习算法的图像识别，可有效获取船舶进出船厢位置与船舶类型信息，提升通航安全性。

1. 船舶目标检测原理

船舶的测距定位以船舶检测为前提。本节使用 DarkNet-53 网络模型和 YOLOv3 算法实现对船舶的实时检测。船舶检测流程如图 9-22 所示，采集的船舶进出船厢数据集如图 9-23 所示。

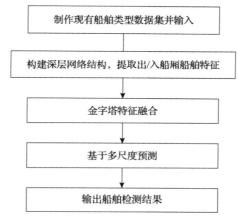

图 9-22　船舶检测流程

图 9-23　目标检测数据集

1）YOLOv3 结构

本节检测部分基本结构（共 106 层，见图 9-24）分为输入层、卷积层、特征融合层和输出层。

（1）输入层。

YOLOv3 网络以 DarkNet-53 网络模型为卷积层进行 32 倍下采样，因此需要输入图像为 $n \times n$（其中 n 为 32 的倍数）的三通道 RGB 图像。本节选用 416×416 的图像（图 9-24）作为输入，其中 DarkNet-53 网络结构堆叠了大量的残差结构，而且每两个残差结构之间插着一个步长为 2，卷积核大小为 3×3 的卷积层，用于完成下采样的操作，在部分层之间设置了快捷链路，最后卷积层输出的特征图尺寸为 1313，通道数为 1024。

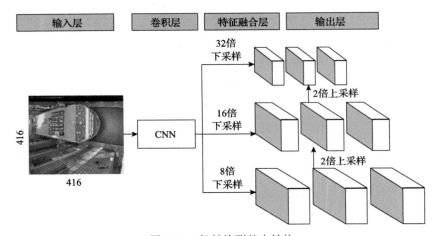

图 9-24　船舶检测基本结构

（2）卷积层。

YOLOv3 网络的 0～74 层为卷积层，由残差模块和在残差模块间实现下采样的卷积模块组成。在残差模块中，使用残差的跳层连接，一方面能够保证网络结构在很深的情况下仍能收敛，另一方面能够在一定程度上减小计算量。在卷积模块中，使用步长为 2 的卷积进行下采样，大大降低层级特征的损失。整个卷积层的作用是构建深层网络结构，提取目标特征。

（3）特征融合层。

YOLOv3 网络的 75～105 层为特征融合层，分为 3 个尺度，以 416×416 图像作为输入的特征融合层的 3 个尺度分别为 13×13、26×26 和 52×52。在每个尺度内，通过卷积核的方式进行局部特征交互，完成金字塔特征融合。

（4）输出层。

对特征融合层输出的 3 个尺度特征图进行分类和位置回归。本次将原始图片缩

放到 416×416 的大小，然后根据特征图大小分别划分为 13×13、26×26、52×52 等大的单元格，每个单元格用 3 个锚点框预测 3 个边框。YOLOv3 网络在 3 个特征图中分别通过 $(4+1+c) k$ 个卷积核进行卷积预测，k 为预设边框的数量（k 取 3），c 为预测目标的类别数量（c 取 2），其中 $4k$ 个参数负责预测目标边框的偏移量，k 个参数负责预测目标边框内包含目标的概率，ck 个参数负责预测这 k 个预设边框对应 c 个目标类别的概率，最后进行融合得到船舶类型。

2）损失函数

用第 i 个网格的第 j 个锚点框进行预测时，与输出层计算对象对应，需要对这个锚点框产生的边框进行中心坐标误差、宽高误差、置信度误差和分类误差计算。因此，本次检测方法损失函数为

$$L_{ij} = \lambda P_{ij} + C_{ij} + D_{ij} \tag{9-30}$$

式中，L_{ij} 为第 i 个网格的第 j 个锚点框预测的总损失；P_{ij} 为第 i 个网格的第 j 个锚点框预测得到的边框坐标损失；λ 为边框坐标损失的权值，由于定位误差对整个模型影响较大，本节 λ 取值为 5；C_{ij} 为第 i 个网格的第 j 个锚点框预测置信度损失；D_{ij} 为第 i 个网格的第 j 个锚点框预测分类损失。

2. 船舶目标定位原理

为了确定进入船厢中船舶的现实世界坐标，需要对摄像机进行标定。摄像机标定是根据摄像机的成像原理，求解摄像机的参数，建立摄像机的几何模型，实现二维图像坐标点和三维空间中实际目标点的映射，对图像内点进行定位的技术。摄像机的参数主要分为内参和外参两部分。内参主要由摄像机本身决定，包括摄像机的焦距、主点偏移坐标和畸变系数；外参主要由摄像机的位置和姿态决定，包括摄像机在三个方向上的旋转角度和平移距离等。通过世界坐标系、相机坐标系、图像坐标系和像素坐标系获得摄像机的内外参数，实现实时监测图像世界坐标的获取，其基本原理如图 9-25 所示。

1）摄像机成像模型

对于眼睛、相机或其他绝大部分成像设备，小孔成像模型是最基本的模型。小孔成像的变换关系是线性的，不考虑畸变，在大多数场合下，这种模型可以满足精度的需要。图 9-26 展示了针孔摄像机成像模型的几何示意图。

在图 9-26 中，C 为摄像机的光心，空间中的光线都从 C 点通过。平面 Oxy 为图像平面，f 为相机焦距，即光心到图像平面的距离。X_1 为实际空间中的一点，x_1 为在图像平面上的二维成像点。坐标系 $C\text{-}XYZ$ 为相机坐标系，以光心 C 为坐标原点，Z 轴称为摄像机的主轴。Oxy 为图像坐标系，理想情况下原点 O 在相机

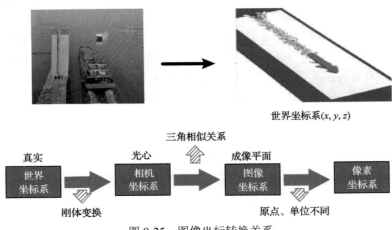

世界坐标系(x, y, z)

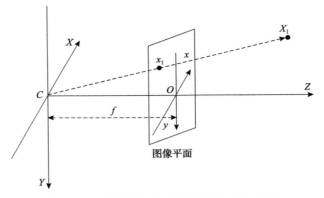

图 9-25　图像坐标转换关系

图 9-26　针孔摄像机成像模型的几何示意图

主轴上。在小孔成像模型下，摄像机将三维世界中的点投影到图像平面上，如 X_1 对应 x_1。

2）坐标系系统

将图像坐标转化为世界坐标，涉及四个坐标系，即世界坐标系、相机坐标系、图像坐标系和像素坐标系，如图 9-27 所示。

图像处理中涉及以下四个坐标系。

（1）$O_w - X_w Y_w Z_w$：世界坐标系，描述相机位置，单位为 m。

（2）$O_c - X_c Y_c Z_c$：相机坐标系，光心为原点，单位为 m。

（3）Oxy：图像坐标系，光心为图像中点，单位为 mm。

（4）U_v：像素坐标系，原点为图像左上角，单位为 pixel。

此外，图 9-27 中，P 为世界坐标系中的一点；ρ 为点 P 在图像中的成像点，在图像坐标系中的坐标为 (x, y)，在像素坐标系中的坐标为 (u, v)；f 为相机焦距，

等于 O 到 O_c 的距离。

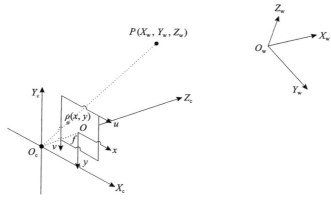

图 9-27　四个坐标系

3) 坐标转换

（1）世界坐标系转换到相机坐标系。

世界坐标系和相机坐标系均为三维坐标系，可以通过平移变换和旋转变换相互转换。因此，若已知一个点在世界坐标系中的坐标，则可以求出其在相机坐标系中的坐标，世界坐标系绕 z 轴旋转的过程如图 9-28 所示。

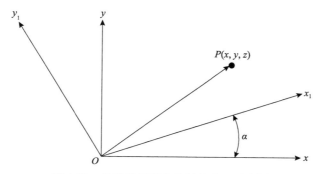

图 9-28　世界坐标系中旋转角度 α 示意图

坐标转换关系如式（9-31）和式（9-32）所示：

$$\begin{cases} x = x_1 \cos\alpha + x_1 \sin\alpha \\ y = -y_1 \sin\alpha + y_1 \cos\alpha \\ z = z_1 \end{cases} \tag{9-31}$$

$$\begin{bmatrix} x \\ y \\ z \end{bmatrix} = \begin{bmatrix} \cos\alpha & \sin\alpha & 0 \\ -\sin\alpha & \cos\alpha & 0 \\ 0 & 0 & 1 \end{bmatrix} \begin{bmatrix} x_1 \\ y_1 \\ 1 \end{bmatrix} = R_1 \begin{bmatrix} x_1 \\ y_1 \\ z_1 \end{bmatrix} \tag{9-32}$$

绕不同的坐标轴旋转不同的角度，得到相应的旋转矩阵，同理绕 x 轴、y 轴旋转 φ 和 ω 可以得到

$$\begin{bmatrix} x \\ y \\ z \end{bmatrix} = \begin{bmatrix} 1 & 0 & 0 \\ 0 & \cos\varphi & \sin\varphi \\ 0 & -\sin\varphi & \cos\varphi \end{bmatrix} \begin{bmatrix} x_1 \\ y_1 \\ 1 \end{bmatrix} = R_2 \begin{bmatrix} x_1 \\ y_1 \\ z_1 \end{bmatrix} \tag{9-33}$$

$$\begin{bmatrix} x \\ y \\ z \end{bmatrix} = \begin{bmatrix} \cos\omega & 0 & -\sin\omega \\ 0 & 1 & 0 \\ \sin\omega & 0 & \cos\omega \end{bmatrix} \begin{bmatrix} x_1 \\ y_1 \\ 1 \end{bmatrix} = R_3 \begin{bmatrix} x_1 \\ y_1 \\ z_1 \end{bmatrix} \tag{9-34}$$

由此可以得到旋转矩阵 $R = R_1 R_2 R_3$，进而得到 P 点在相机坐标系中的坐标。

(2)相机坐标系转换到图像坐标系。

对于相机坐标系中一点 $P(X_{\mathrm{w}}, Y_{\mathrm{w}}, Z_{\mathrm{w}})$，其在图像坐标系中对应的投影点为 $p(x, y)$。根据三角形的相似关系可得到从相机坐标系到图像坐标系的转换关系为

$$\frac{x}{X_{\mathrm{w}}} = \frac{y}{Y_{\mathrm{w}}} = \frac{f}{Z_{\mathrm{w}}} \tag{9-35}$$

$$\begin{bmatrix} x \\ y \\ 1 \end{bmatrix} = \begin{bmatrix} f & 0 & 0 & 0 \\ 0 & f & 1 & 0 \\ 0 & 0 & 1 & 0 \end{bmatrix} \begin{bmatrix} X_{\mathrm{w}} \\ Y_{\mathrm{w}} \\ Z_{\mathrm{w}} \end{bmatrix} \tag{9-36}$$

(3)图像坐标系转换到像素坐标系。

像素坐标系和图像坐标系都在成像平面上，只是各自的原点和度量单位不同。图像坐标系的原点为相机光轴与成像平面的交点，图像坐标系的单位为 mm，属于物理单位，像素坐标系的单位是 pixel。图像坐标系与像素坐标系的关系如图 9-29 所示。

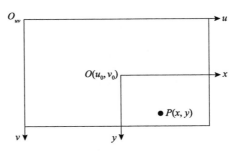

图 9-29　图像坐标系与像素坐标系的关系

在图像坐标系中，点 $P(x, y)$ 对应的像素坐标系中的坐标为 $O(u_0, v_0)$，则点 P

在图像坐标系中的坐标与像素坐标系中的坐标的转换关系如下：

$$\begin{cases} \mathrm{d}x = \dfrac{x}{u - u_0} \\ \mathrm{d}y = \dfrac{y}{v - v_0} \end{cases} \tag{9-37}$$

$$\begin{bmatrix} u \\ v \\ 1 \end{bmatrix} = \begin{bmatrix} \dfrac{1}{\mathrm{d}x} & 0 & u_0 \\ 0 & \dfrac{1}{\mathrm{d}y} & v_0 \\ 0 & 0 & 1 \end{bmatrix} \begin{bmatrix} x \\ y \\ 1 \end{bmatrix} \tag{9-38}$$

式中，$\mathrm{d}x$ 和 $\mathrm{d}y$ 分别为一个像素点在 x 轴和 y 轴上的宽度；(u_0, v_0) 为摄像机主点，即光轴与像平面的交点 O 的像素坐标。综合以上公式，可以推算出世界坐标点 (X_w, Y_w, Z_w) 与像素坐标点 $O(u_0, v_0)$ 之间的转换关系为

$$z_c \begin{bmatrix} u \\ v \\ 1 \end{bmatrix} = \begin{bmatrix} \dfrac{1}{\mathrm{d}x} & 0 & u_0 \\ 0 & \dfrac{1}{\mathrm{d}y} & v_0 \\ 0 & 0 & 1 \end{bmatrix} \begin{bmatrix} f & 0 & 0 & 0 \\ 0 & f & 1 & 0 \\ 0 & 0 & 1 & 0 \end{bmatrix} \begin{bmatrix} R & T \\ 0 & 1 \end{bmatrix} \begin{bmatrix} X_w \\ Y_w \\ Z_w \\ 1 \end{bmatrix} \tag{9-39}$$

$$= \begin{bmatrix} f_x & 0 & u_0 & 0 \\ 0 & f_y & v_0 & 0 \\ 0 & 0 & 1 & 0 \end{bmatrix} \begin{bmatrix} R & T \\ 0 & 1 \end{bmatrix} \begin{bmatrix} X_w \\ Y_w \\ Z_w \\ 1 \end{bmatrix}$$

式中，$\begin{bmatrix} f_x & 0 & u_0 & 0 \\ 0 & f_y & v_0 & 0 \\ 0 & 0 & 1 & 0 \end{bmatrix}$ 作为高清摄像机内参可通过测量得到；$P = \begin{bmatrix} R & T \\ 0 & 1 \end{bmatrix}$ 为高清摄像机外参；T 为投影矩阵，经过标定后可获得 P，再根据高清摄像机拍摄到的图片中目标的像素坐标可反算出其在真实世界中的位置。

9.3　船舶进出船厢多源感知数据融合技术

根据现有感知设备的工作原理与特性的不同，本节提出船厢内受限水域基于毫米波雷达、激光雷达和光学摄像机的多源感知数据融合监测方法，以及船厢外

开阔水域基于海事雷达、AIS(北斗/GPS)与视频摄像机的多源感知数据融合方法，形成连续、精确、稳定的船舶监测目标数据，实现船舶的高精度定位。

9.3.1　升船机水域多源感知数据融合

多传感器数据融合是一个新兴的研究领域，是针对一个系统使用多种传感器这一特定问题而展开的一项关于数据处理的研究，本节针对三峡升船机采用多传感器数据融合技术进行船舶进出船舱监测。

将毫米波雷达、激光雷达、光学摄像机融合，按照一定的算法将多个传感器在时间空间上融合，从而完成对运行船舶某些特征的检测，毫米波雷达、激光雷达和视频多传感器融合，可以更好地解决单一传感器在信息获取时存在冗余和错误的情况，提高系统的稳定性和精确性。视频监测具有直观可视的特点，弥补了毫米波雷达无法看到真实路况的劣势，视频监测的优势是能够准确区分出交通参与者的类型，但对于目标船舶的速度、位置监测精度较低。毫米波雷达可实时监测和定位区域内运行的船舶，其定位及速度监测精度较高，但由于对进出船厢船只类型的区分能力较差，无法满足精准监测的需求。同时由检测范围可知，毫米波雷达正常探测距离可达300m，但由于设备限制等，有效探测范围为 8～90m，视频的正常探测距离约为 50m；雷达的盲区在 0～30m，视频的盲区在 0～8m。由目标物速度的监测可知，对于速度小于 15km/h 的目标，雷达监测效果减弱，视频的监测效果较好，在此基础上，采用激光雷达扫描可以更精确地提供船舶运行位置点。因此，毫米波雷达、激光雷达和视频融合检测技术取长补短，使系统整体获得良好的监测效果。将三者的监测方式进行融合，雷达精准感知航线目标情况，联动视频可视化，将雷达检测信息叠加至视频上，可形成一条全天候自动检测、智能分析的监测系统。针对船舶运行的多传感器信息融合技术中的关键技术，包括多传感器数据时空校准技术与数据融合技术等。

1)时空校准技术

信息预处理是为了避免融合中的计算过于复杂，提升系统的性能，主要包括两个方面，即坐标变换和时间校准，船舶常用的传感器有雷达、摄像头等。

(1)坐标变换。

雷达坐标系是以雷达为原点的极坐标系，测量得到的数据包括距离和旋转角度；视频提供相机像素坐标，以左上点为原点；目标位置数据实际上是由 GPS 接收器得到的经纬度数据，一般需要将大地坐标的经纬度通过墨卡托投影转换成平面坐标。雷达、视频数据不在同一个坐标系下，因此需要将三个不同的坐标系进行转换，使其处于同一坐标系中。视频图像转换为真实坐标时考虑到畸变效应，须进行校正。

为使视频数据与雷达顺利融合，需获取两者之间的坐标转化公式：

$$(x_0, y_0, z_0)^{\mathrm{T}} = \begin{bmatrix} \cos\theta \\ 1 \\ \sin\theta \end{bmatrix} X(\rho, \theta)^{\mathrm{T}} X \begin{bmatrix} \sigma_1 \\ \sigma_s \end{bmatrix} \tag{9-40}$$

式中，(x_0, y_0, z_0) 为系统的目标位置；θ 为雷达角度；ρ 为雷达探测距离；σ_1 为雷达探测的距离方差；σ_s 为角度方差。

(2)时间校准。

在信息融合系统中，各系统开始探测的时间不同、探测周期不同、目标与不同传感器相对位置不同等，导致各传感器对目标探测数据不是同一时刻得到的，即存在探测数据的时间差异。视频数据采集频率为 50 次/s，简单选取对应时间即可。雷达运转周期为 36r/min 左右，约 2s 一次，拟采用数据间隔为 2s，进而与船舶图像、雷达图像数据时间对齐。

2) 数据融合技术

对于数据融合技术方面的研究，近几十年内，国内外学者持续对数据融合技术进行研究，为了使获得的目标信息更加精确可靠，需要将来自同一目标的信息关联检验确定为同一目标。目前，数据融合的算法主要有证据理论、模糊理论、信息熵等。

(1)基于证据理论：在 D-S 证据理论(Dempster-Shafer envidence theory)的架构上，提出传感器识别的证据可信度定义和计算方法，用于多传感器多目标决策级融合识别，以解决目标综合识别中的权重分配难题，该方法可有效解决提升多传感器的综合识别性能。通过改进 D-S 证据理论进行数据关联，利用传感器间支持度不断进行迭代融合，筛选最优传感器组，并剔除失效传感器。

(2)基于模糊理论：一种基于模糊聚类的混合多传感器数据融合算法，主要是把模糊聚类应用到数据融合中，算法在数据集上的融合效果优势明显。

(3)基于信息熵：使用交互式多模型补偿滤波来获得局部航迹和信息熵，然后利用信息熵来度量局部航迹质量。根据设置的双门限筛选出质量好的局部航迹，并将其信息熵归一化的结果赋给传感器的权值，实现权值的动态分配。仿真结果表明，该算法在考虑不同的传感器精度和量测丢失率的情况下对机动目标的跟踪性能优于已知的融合算法。

毫米波雷达主要由信号发射天线、信号接收天线、射频收发通道及数据处理单元构成，利用信号发射天线向周围辐射电磁波遇到障碍物后，部分电磁波形成反射，障碍物反射回波经接收天线进入雷达系统，雷达数据处理单元根据障碍物反射回波的频谱、相位、时间等信息解算障碍物与毫米波雷达之间的距离、相对速度、相对角度等信息。高清摄像头采集监测区域目标物图像信息，并将图像划分为测试样本和训练样本，通过数据训练，对样本中的目标物类别和位置信息进行标注，将标注后的样本输入检测模型，输出目标物中心点的像素坐标、目标物的类别，以及目标物的相关信息。激光雷达经过对通航升船机的船舶进行扫描，获取船舶点云图像，以精准确定船舶的实际位置。最后，利用毫米波雷达、激光雷达和高清摄像头对目标物进行采集、检测和识别，通过时间和空间上的数据处理及融合，最终得到融合处理结果，具体实现过程如图 9-30 所示。

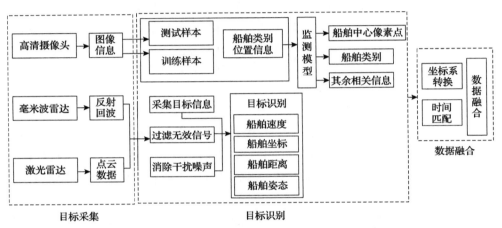

图 9-30 数据融合过程

3）数据融合显示

通过毫米波雷达、激光雷达和视频融合技术在船舶通航升船机船厢的联合监测，实现了实时动态信息采集，如图 9-31 所示。通过多源信息数据融合对探测范

(a) 设备安装

(b) 视频与点云数据

图 9-31 船舶动态信息采集

围内船舶目标进行精准的监测和识别处理，获取目标位置信息，再将有效信息传输给管理中心和该区域内的船舶驾驶者，可实现进出船厢险情提前安全预警，提高通行效率，从而形成安全、高效和环保的船舶过闸系统。

9.3.2　远距离水域外多源感知数据融合

在船舶进入船厢前，由于视角的不可见性及环境遮挡，高清摄像头无法捕捉完整船舶目标，从而导致升船机控制中心及相关监测设备无法对船舶进行有效助航服务。因此，对于船舶驶入升船机船厢前的监测，采用船厢外多源感知数据融合监测，数据源包括视频、AIS 设备、海事雷达，对多传感器数据进行融合，可使多传感器间信息相互补充，提高精度，并在时空间覆盖度上进行扩充，提高了感知能力。

1）数据特点分析

在船舶进入船厢前，AIS 可接收船舶数据，包括静态数据和动态数据。静态数据包括水上移动业务标识码（maritime mobile service identity，MMSI）、船舶类型、船名等，动态数据包括船舶经纬度、航速、航向等。AIS 信息种类较多，但因其只能被动地收取他船信息，因此对于没有安装 AIS 设备的船舶无法感知，AIS 接收信息时间不定，对动态信息而言具有一定的滞后性，AIS 数据无法获取目标船舶的形状大小等信息。

船舶雷达可通过扫描主动获取当前航行领域内的全景图，全面了解航行领域内的船舶航行概况，同时雷达可返回船舶目标的形状大小、位置、航速、航向等信息。但雷达传感器易受雨雪杂波等影响，出现虚警，且在一定范围内雷达存在视野盲区。

视频信息可获取河道内船舶航行图像，通过图像能直观地反映船舶航行状态，获取船舶的位置、航速、航向和图片等信息，但视频监控区域较小，且受光照等影响较大，识别不稳定，相机难以获取准确的距离信息，因此本节将视频角度信息作为辅助航迹融合因素。

传感器噪声的存在及不同环境的影响极大地限制了使用单一传感器进行环境感知的可靠性。AIS 信号受到复杂电磁环境的干扰，存在信号丢失与不稳定的情况；雷达目标感知信息存在雨雪杂波干扰，尤其当船舶目标靠近时，雷达分辨率不足，难以区分；船舶光学目标感知信息因受环境干扰，存在大量噪声，识别稳定性不佳。三种传感器感知信息各有优缺点，且包含信息间既有互补性也有冗余性，其信息冗余、互补图如图 9-32 所示。本节采用船厢外多源感知数据融合直接输出互补信息，并对冗余信息进行融合输出。

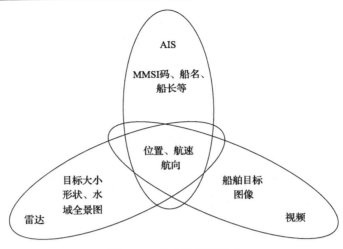

图 9-32　传感器优势融合

2）数据融合算法

凸组合融合计算简单，在多样数据融合中应用最为广泛，应用该方法的前提为假定各传感器估计误差不相关。以两传感器局部感知为例，为计算航迹间融合估计值 $\hat{x}$ 及误差协方差矩阵 $\hat{p}$，令传感器 i 和传感器 j 对应的局部估计值及协方差矩阵分别为 $\left(\hat{x}^i, \hat{p}^i\right)$ 与 $\left(\hat{x}^j, \hat{p}^j\right)$，其融合公式如下所示：

$$\hat{x} = \left[\left(p^i\right)^{-1} + \left(p^j\right)^{-1}\right]^{-1}\left(p^i\right)^{-1}\hat{x}^i + \left[\left(p^i\right)^{-1} + \left(p^j\right)^{-1}\right]^{-1}\left(p^j\right)^{-1}\hat{x}^i \tag{9-41}$$

$$p^{-1} = \left(p^i\right)^{-1} + \left(p^j\right)^{-1} \tag{9-42}$$

上述公式推广至两种以上传感器的融合中，其融合公式为

$$\hat{x} = \left[\sum_{i=1}^{N}\left(p^i\right)^{-1}\right]^{-1}\sum_{i=1}^{N}\left(p^i\right)^{-1}\hat{x}^i \tag{9-43}$$

$$p^{-1} = \sum_{i=1}^{N}\left(p^i\right)^{-1} \tag{9-44}$$

在传感器局部估计误差各不相关时，凸组合融合算法所得结果是最优结果，但在实际应用中，可考虑最大程度削减传感器相互影响，完成对船舶目标的监测。

3）数据融合试验

为验证数据融合算法，在长江武汉段架设移动式小型船舶数据采集装置，如图 9-33 所示。

图 9-33　实验数据采集装置

以江城 5 号为例，采集的原始数据如图 9-34 所示，包含 AIS 报文、海事雷达图像以及视频信息；解析 AIS 报文并进行插值处理，将 AIS 信息时间间隔扩充至 2s；海事雷达图像采集频率为 2s/帧，通过目标识别与跟踪输出船舶轨迹；视频数据与 AIS 及海事雷达时间对准，抽取 2s 间隔视频帧，运用简单凸组合对传感器数据进行融合，航迹融合对比结果如图 9-35 所示。

(a) 视频信息　　　　　　(b) 海事雷达图像　　　　　　(c) AIS报文

图 9-34　原始数据图

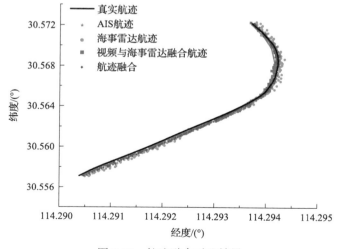

图 9-35　航迹融合对比结果

　　摄像机对角度测量精准，但对距离测量效果较差，因此将雷达测量距离及视频测量角度信息进行融合。最终融合航迹相比其他航迹更为贴近船舶目标真实航迹，可证明所采用的目标融合算法有效。以 2s/帧为采样频率，计算融合航迹在经纬度方向与真实航迹间的差值，如图 9-36 所示，可发现融合后的误差小于任意单一传感器误差。

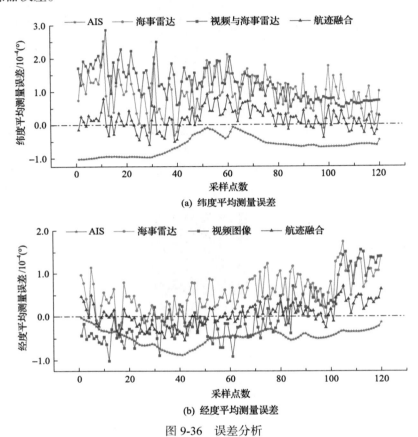

(a) 纬度平均测量误差

(b) 经度平均测量误差

图 9-36　误差分析

　　多源信息融合后显示效果如图 9-37 所示，并在图片上显示船舶九位码、航速、航向等信息。

图 9-37　多源融合效果展示

9.4　小　　结

　　本章分析了现有感知设备的原理与特性，分别介绍了基于海事雷达、毫米波雷达、北斗/GPS 数据、激光雷达的船舶定位技术，以及基于视觉的船舶定位识别技术。针对升船机水域特点，提出了基于毫米波雷达、激光雷达与视频摄像机的多源感知数据融合技术，以及基于海事雷达、AIS（北斗/GPS）与视频摄像机的多源感知数据融合技术，形成连续、精确、稳定的船舶监测目标数据，为船舶进出船厢提供辅助导航服务，提高通航效率。

参 考 文 献

[1] 柳晨光，郭珏菡，吴勇，等. 无人水面艇三维激光雷达目标实时识别系统[J]. 机械工程学报，2022, 58(4)：202-211.

[2] 陈贵宾，高振海，何磊. 车载三维激光雷达外参数的分步自动标定算法[J]. 中国激光，2017, 44(10)：249-255.

[3] 崔晓冬，沈蔚，帅晨甫，等. 多波束点云滤波算法初步研究及适用性分析[J]. 海洋测绘，2021, 41(5)：12-16.

[4] Li R Z, Yang M, Liu Y Y, et al. An uniform simplification algorithm for scattered point cloud[J]. Acta Optica Sinica, 2017, 37(7)：97-105.

[5] 吕丹，孙剑峰，李琦，等. 基于激光雷达距离像的目标 3D 姿态估计[J]. 红外与激光工程，2015, 44(4)：1115-1120.

[6] 罗开乾，朱江平，周佩，等. 基于多分支结构的点云补全网络[J]. 激光与光电子学进展，2020, 57(24)：209-216.

[7] Zhang X, Xu W D, Dong C Y, et al. Efficient L-shape fitting for vehicle detection using laser scanners[C]. 2017 IEEE Intelligent Vehicles Symposium (IV), Los Angeles, 2017: 54-59.

第10章　船舶进出船厢智能助航关键技术

10.1　引　　言

目前三峡升船机水域船舶航行存在的困难主要包括：①船舶进出船厢过程中，存在受水域限制、船速低(无舵效应、操纵性差)等问题[1]，易发生船舶擦碰升船机设备设施的情况(如相对突出的闸首卧倒门止水座板、布置在船厢甲板上的大量设备设施)，严重影响升船机设备设施和船舶航行安全；②船舶下行进厢时，下厢头悬空，与下游航道落差最高为113m，导致驾驶员心理压力较大，易引起恐惧，使得驾驶员不敢用车，明显降低船舶下行进厢效率；③船舶在船厢内运动状态的观测与航行驾驶决策完全依赖于驾驶员的自身经验，受船厢驾驶空间约束及驾驶员驾驶技能的影响，船舶进出船厢航行效率普遍不高。

本章针对船舶进出船厢航行效率不高、存在擦碰升船机设备设施的安全隐患、对船舶驾驶员操纵技能依赖性强等问题，基于交通新基建技术装备与人工智能技术，结合船舶进出船厢运动状态感知技术，获取船舶运动状态关键参数；通过船舶进出船厢风险感知与预警模型，计算危险度并进行预警，通过船舶进出船厢水动力学理论计算分析，结合船舶进出船厢航行决策与助航服务技术，获得最优控制策略与助航引导信息；以增强现实的方法在船端与岸端智能助航系统上实时显示，从而引导船舶安全驾驶。

10.2　船舶进出船厢风险模型

船舶进出船厢过程中，由于航速低、舵效弱、视线受限，其面临的风险与正常航行状态不同，需要针对性地建立风险模型。利用风险模型分析船舶在引航道和船厢内航行过程中的风险要素，建立基于模糊加权融合的预警模型，并针对不同情况进行安全风险评价与分级，为船舶驾驶员提供船舶超速、偏航、越界、碰撞等风险预警。

10.2.1　船舶超速风险模型

根据船舶的大小、减速性能、船舶类型等静态要素，结合船舶实时航速，建立船舶超速风险模型。

1) 船舶静态要素

(1) 船舶宽度。

船舶宽度相对于船厢及航槽的宽度比例 r_B 可作为船舶的宽度要素。

(2) 船舶长度。

船舶长度相对于船厢的长度比例 r_L 可作为船舶的长度要素。

(3) 船舶减速性能。

船舶倒车减速时的停船距离系数 d_S 可作为船舶的减速性能要素。以停船距离 L_{STOP} 为标准，停船距离越小，表明船舶减速性能越好。停船距离系数 d_S 计算公式如下：

$$d_S = \begin{cases} 0.5, & L_{STOP} > 10\text{m} \\ (20 - L_{STOP})/10, & 5\text{m} < L_{STOP} \leqslant 10\text{m} \\ 1.5, & 0\text{m} < L_{STOP} \leqslant 5\text{m} \end{cases} \tag{10-1}$$

(4) 船舶类型。

船舶类型 T 可作为船舶的类型要素。货运船舶 T 为 1，大型滚装船 T 为 0.85，客船 T 为 0.8，小型公务船 T 为 1.2。

2) 船舶动态要素

船舶实时航速 v 可作为船舶的动态要素。船舶的超速风险模型由船舶静态要素和船舶动态要素共同构成。其中，船舶静态要素决定超速风险模型速度阈值，动态要素决定是否触发超速状态预警。

以升船机水域的船舶最大航速 0.5m/s 为基准，具体船舶的最大允许航速如式 (10-2) 所示：

$$v_{Ship} = v_{Max} K_B r_B K_L r_L K_S d_S K_T T \tag{10-2}$$

式中，K_B、K_L、K_S、K_T 为修正系数；r_B、r_L、d_S、T 分别为船舶的宽度、长度、停船距离系数、船舶类型要素。

船舶动态要素是船舶实时航速 v。由第 9 章获取船舶的实时航速 v，通过以下船舶超速风险隶属度曲线 (图 10-1) 反向插值即可获得船舶超速风险预警结果。

10.2.2　船舶偏航风险模型

船舶在进出船厢、航槽、引航道的航行中有可能偏离预定航线，从而导致发生危险事故，影响船舶航行安全。船舶偏航危险预警通过获取船舶实时经纬度，判断船舶是否偏离规定好的航线，对船舶偏航进行预警，提醒船舶按照规划好的航线行驶。

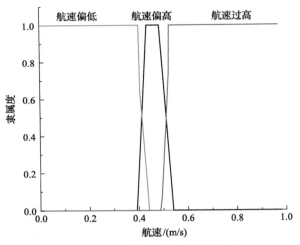

图 10-1　船舶超速风险隶属度曲线

当一段航程中的航路点个数较多且需要满足偏离航线的性能需求时，使用欧氏距离度量法计算过于复杂，难以达到要求，因此采用北斗导航定位系统中的偏航算法并结合 R 树索引[2]进行筛选，以减少计算量并缩短查询时间。

首先定位航路点所在的大概区域，然后快速找到符合航路点条件的航段，并对此航段进行点与距离的计算。采用这种筛选再计算的方式可以很大程度上减少遍历计算的次数，算法性能也大大提升，但在初始化阶段需创建索引。利用最小外包矩形对航段进行归一化处理，最小外包矩形建立过程为：给出缓冲区阈值直径 d ，将相邻坐标转换成最小外包矩形，矩形以坐标的方式存放在 R 树节点中，每两个矩形构成的最小外包矩形的坐标存入父节点，迭代地将矩形坐标存入 R 树中，直至合并成一个矩形，确保数据可以完全存储在多个完全二叉树中。利用队列进行查询，将根节点放入队列中，对队伍的首节点进行判断，若为非叶子节点，则将左、右子树中的节点添加到队列中；若为叶子节点，则表示该坐标在最小外包矩形范围内。其流程图如图 10-2 所示。

为保证船舶航行安全，用户根据实际情况设定偏离航线的最大距离，建立以计划航线为中心的航迹带。船舶航行过程中，若船舶航行在航迹带内，则认为航行正常；若船位超过偏航极限，则认为偏航，应给予告警或提示。

10.2.3　船舶越界风险模型

为了保障船舶通行的安全，保证船舶能够安全进入船厢，必须使船舶与船厢安全停船线之间留有一定的安全空间。通过对船舶停船距离进行测量，辨识并确定船舶的停船运动模型，在此基础上，建立船舶越界风险模型。

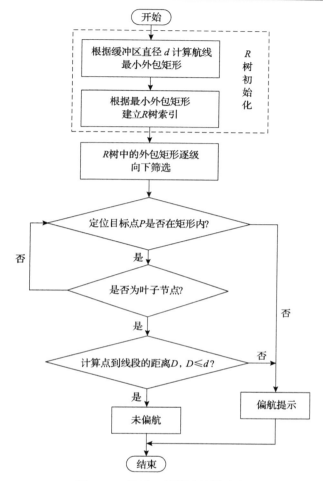

图 10-2　基于 R 树筛选航段流程

假设船舶的实时航速为 v ，船首到安全停船线的距离为 L ，船舶倒车停船的加速度为 a ，依据牛顿第二定律，船舶实际停船距离为

$$S = -v^2/(2a) \qquad (10\text{-}3)$$

将实际停船距离 S 与当前船舶到安全停船线的距离 L 进行对比，若 $S > L$ ，则表明船舶停船距离不足，有越界风险；反之，若 $S < L$ ，则表明船舶有足够的停船距离。

10.2.4　船舶碰撞风险模型

随着船舶向大型化、高速化发展，全球船舶总数量、总吨位迅速增长，船舶平均可航面积减小，航行环境越发复杂，严重威胁船舶航行安全[3]。为解决船舶进厢过程中与靠泊船舶、船厢建筑物等擦碰问题，提出一种基于模糊集合理论的船舶碰撞危险度(collision risk index，CRI)确定模型，通过选取最近会遇距离(distance to closest point of approach，DCPA)、最近会遇时间(time of closest point of approach，TCPA)、船间距离、相对方位、航速五个因素建立碰撞危险度影响因素，并以碰撞危险度来评价航行安全性及可靠性。CRI指的是船舶之间发生碰撞可能性大小的度量，具有模糊性、不确定性等特点，取值范围为 0~1。若 CRI = 0，则说明航行安全，意味着即使靠泊船在本船附近，本船也不需要采取任何的避让行动；若 CRI = 1，则说明航行危险，无论本船采取怎样的避让行动，都无法避免和目标船碰撞[4]。

　　DCPA、TCPA 是衡量船舶间碰撞危险度大小的首要因素[5]。由第 9 章获取船舶运动信息(航向、航速、位置等)，通过建立船舶碰撞参数计算模型，确定船舶与障碍物之间的 DCPA 和 TCPA 的大小。假定 t 时刻本船的位置坐标为 $(x_0(t), y_0(t))$，速度为 $v_0(t)$，航向为 $\psi_0(t)$，障碍物位置坐标为 $(x_T(t), y_T(t))$，航向为 $\psi_T(t)$，如图 10-3 所示。

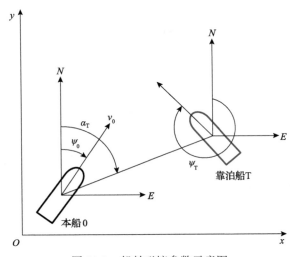

图 10-3　船舶碰撞参数示意图

本船与障碍物的距离 D_R 为

$$D_R = \sqrt{(x_T - x_0)^2 + (y_T - y_0)^2} \qquad (10\text{-}4)$$

障碍物相对本船运动速度的真方位 ψ_R 为

$$\psi_{R} = \begin{cases} 0, & v_{0x} = 0, v_{0y} \geqslant 0 \\ \pi, & v_{0x} = 0, v_{0y} < 0 \\ \alpha_1 - \arctan\left(v_{0y}/v_{0x}\right), & v_{0x} \neq 0 \end{cases} \quad (10\text{-}5)$$

式中，v_{0x}、v_{0y} 为 v_0 在 x 轴和 y 轴上的分量；若 v_{0x} 为正，则 α_1 等于 90°，若 v_{0x} 为负，则 α_1 等于 270°。

障碍物相对于本船的真方位 α_T 为

$$\alpha_{T} = \begin{cases} 0, & \Delta x = 0, \Delta y \geqslant 0 \\ \pi, & \Delta x = 0, \Delta y < 0 \\ \alpha_2 - \arctan\left(\Delta y/\Delta x\right), & \Delta x \neq 0 \end{cases} \quad (10\text{-}6)$$

式中，Δy 为船舶与障碍物纵坐标之差，即 $y_T(t) - y_0(t)$；Δx 为船舶与障碍物横坐标之差，即 $x_T(t) - x_0(t)$；若 Δx 为正，则 α_2 等于 90°，若 Δx 为负，则 α_2 等于 270°。

若 t 时刻本船继续保速保向航行，则本船与障碍物的最近会遇距离 DCPA(t) 和到达最近会遇点的时间 TCPA(t) 为

$$\begin{cases} \text{DCPA}(t) = D_R \sin\left(\psi_R - \alpha_T - \pi\right) \\ \text{TCPA}(t) = D_R \cos\left(\psi_R - \alpha_T - \pi\right)/v_0 \end{cases} \quad (10\text{-}7)$$

船舶间的碰撞参数 DCPA(t) 和 TCPA(t) 对于准确识别船舶碰撞危险消除的时机是十分重要的。TCPA(t) > 0 表示两船还没有到达最近会遇点，船舶间可能存在碰撞危险；TCPA(t) < 0 表示两船已经通过最近会遇点，碰撞危险局面已经结束。

在实际的避碰过程中，仅凭 DCPA 与 TCPA 因素确定船舶与障碍物是否存在碰撞危险以及碰撞危险的程度是不够充分的。本节综合考虑 DCPA、TCPA、船舶间距离 D_R、相对方位 C_T 以及船速 v_0 等五个因素来建立船舶碰撞危险度因素集 U：

$$U = \{\text{DCPA} \quad \text{TCPA} \quad D_R \quad C_T \quad v_0\} \quad (10\text{-}8)$$

式中，$C_T = \psi_T - \psi_0$。

为对船舶碰撞危险度的各影响因素进行准确的评价，将风险度划分为很高（VD）、高（D）、一般（N）、低（S）、很低（VS）五个等级建立碰撞危险度各因素评价集为

$$V = \{\text{VD} \quad \text{D} \quad \text{N} \quad \text{S} \quad \text{VS}\} \tag{10-9}$$

根据确立的船舶碰撞危险度因素集，并按照各参数对碰撞危险影响程度进行排序，次序为 $\text{DCPA} > \text{TCPA} > D_R > C_T > v_0$。通过统计研究获得各个影响因素的权重为

$$W = \left\{ W_{\text{DCPA}} \quad W_{\text{TCPA}} \quad W_{D_R} \quad W_{C_T} \quad W_{v_0} \right\} \tag{10-10}$$

基于船舶碰撞危险度各影响因素的隶属度函数，建立目标船对本船的碰撞危险度评价矩阵 R：

$$R = \begin{bmatrix} R_{\text{VD}}^{\text{DCPA}} & R_{\text{D}}^{\text{DCPA}} & R_{\text{N}}^{\text{DCPA}} & R_{\text{S}}^{\text{DCPA}} & R_{\text{VS}}^{\text{DCPA}} \\ R_{\text{VD}}^{\text{TCPA}} & R_{\text{D}}^{\text{TCPA}} & R_{\text{N}}^{\text{TCPA}} & R_{\text{S}}^{\text{TCPA}} & R_{\text{VS}}^{\text{TCPA}} \\ R_{\text{VD}}^{D_R} & R_{\text{D}}^{D_R} & R_{\text{N}}^{D_R} & R_{\text{S}}^{D_R} & R_{\text{VS}}^{D_R} \\ R_{\text{VD}}^{C_T} & R_{\text{D}}^{C_T} & R_{\text{N}}^{C_T} & R_{\text{S}}^{C_T} & R_{\text{VS}}^{C_T} \\ R_{\text{VD}}^{v_0} & R_{\text{D}}^{v_0} & R_{\text{N}}^{v_0} & R_{\text{S}}^{v_0} & R_{\text{VS}}^{v_0} \end{bmatrix} \tag{10-11}$$

通过将各因素的评判矩阵 R、权重矩阵 W 以及危险等级评价集 U 进行矩阵运算，得到障碍物对本船的碰撞危险度 CRI 为

$$\text{CRI} = W \cdot R \cdot U \tag{10-12}$$

危险度可为船舶预警提供依据，当危险度超过设定阈值时，应向船舶驾驶员推送船舶间距、相对方位、航速等数据，并进行船舶碰撞预警。随着计算机技术的进步，利用计算机图像学(computer graphics，CG)、虚拟现实(virtual reality，VR)等技术可以更好地辅助船舶驾驶员驾驶船舶。

对船舶驾驶员而言，进出船厢过程中船舶航速、航向偏差、位置偏差都是关键的因素，对船舶的精细化控制也是必不可少的输入变量，无论是现阶段以人为主的船舶操控，还是未来的自动化进出船厢航行，都需要依赖这些关键变量。

将船舶的横向、速度及航向偏差以图形化形式提供给船舶驾驶员，结合船舶的航行画面，实现虚拟现实模式，可以更好地辅助驾驶员完成船舶的精细化运动控制，如图 10-4 和图 10-5 所示。

图 10-4　船舶开阔水域航行引导效果图（1kn=1.852km/h）

图 10-5　船舶进厢航行引导效果图

10.3　船舶进出船厢智能助航服务系统

为提升船舶进出三峡升船机船厢安全保障智能化水平，提高船舶进出船厢服务便捷性与通航安全性，基于前述的船舶进出船厢运动状态感知、船舶进出船厢风险模型、船舶进出船厢水动力学理论计算、船舶进出船厢航行决策与船舶助航服务等技术，研制船-厢-岸协同船舶进出船厢助航服务与智能化监控系统。

10.3.1　系统功能分析

船舶进出船厢智能助航服务系统主要功能需求如下。

1）船舶运动状态监测功能

通过激光雷达、毫米波雷达、光学摄像机，精确监测上下游引航道、升船机中船舶位置、航速和航向，为后续实施船舶进出船厢引导、区域集中化控制等提供基础支撑。根据感知系统设备的作用范围、作用距离、视场角进行监测区域划分，可将监测区域分为船厢外、船厢内两部分，其中船厢外的监测距离达 300m，主要使用激光雷达和光学摄像机进行船舶运动状态监测。船厢内的监测距离约为 132m，主要使用激光雷达和毫米波雷达进行船舶运动状态监测。

2) 船舶进出船厢风险判断功能

船舶进出船厢航行风险的判断，主要借助激光雷达、光学摄像机、毫米波雷达等多源数据融合技术，将多种传感器的感知数据融合为清晰、连续、稳定的船舶目标数据，引入船舶超速风险模型、船舶偏航风险模型、船舶越界风险模型、船舶碰撞风险模型等风险评价模型，获取船舶风险等级量化结果，从而支撑完成船舶进出船厢风险判断。

3) 船舶进出船厢信息服务功能

针对目前船舶进出船厢缺少直观、简明的导助航软件的问题，设计并开发船舶进出船厢信息推送机制，将岸端船舶进出船厢助航信息服务平台所获得的船舶助航信息推送至船端智能助航系统，完成船舶进出船厢智能助航软件研发，实现船舶智能导航、风险预警、辅助驾驶及助航信息推送管理等功能。

4) 船舶进出船厢引导功能

针对当前船舶进出船厢指挥调度主要依靠广播、甚高频、信号灯的情况，通过升船机船厢内引导系统建设，利用发光二极管(light emitting diode，LED)屏、广播、船载智能终端等引导设备，对船舶进出船厢提供指引，提高过厢效率。同时，基于 LOS 导航算法获取最佳航向助航信息，将相关助航信息实时显示在船端智能助航系统的显示屏上，为船舶驾驶员提供位置、速度、航向、艏向、安全预警等信息，引导升船机水域船舶安全驾驶。

5) 三维实景显示功能

建立升船机水域的三维实景模型，将岸端船舶进出船厢助航信息服务平台所获得的船舶位置、姿态、航速等数据实时导入三维实景模型，驱动虚拟船模的运动，从而将船舶进出船厢过程实时显示在三维实景显示系统中，叠加相关的助航信息，为船舶提供助航服务。

10.3.2 系统顶层设计

本节以提升船舶进出船厢效率、安全性为目标，对系统顶层进行细化，主要分为四大功能模块，包括船舶运动状态监测功能模块、感知数据融合功能模块、数据处理模块和三维实景显示功能模块。总体框架如图 10-6 所示。

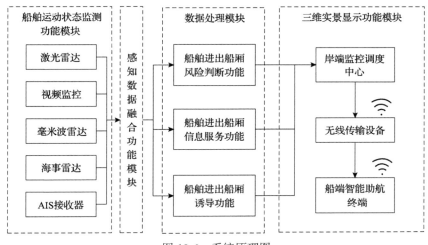

图 10-6　系统原理图

　　船舶运动状态监测功能模块对应系统功能 1，主要是控制激光雷达、光学摄像机、毫米波雷达、AIS 接收器完成船舶航行数据的采集；感知数据融合功能模块主要用于多源感知数据的实时融合；数据处理模块对应系统功能 2、3、4，主要实现助航信息的实时处理，可以输出船舶进出厢风险数据、信息服务数据和船舶引导数据；三维实景显示功能模块对应系统功能 5，用于在虚拟三维实景环境中实时显示船舶的运动状态。

　　根据系统原理，结合现有软硬件条件，进一步细化系统分层，如图 10-7 所示。将本系统划分为业务应用层、应用支撑层、数据支撑层、基础支撑层和终端设备感知层。

10.3.3　系统组成

　　船舶进出船厢智能助航服务系统包括硬件感知系统、信息发布系统、软件系统三部分。

　　硬件感知系统采用光学摄像机、毫米波雷达、激光雷达、AIS 接收机等设备，通过安全监测平台提供的定位信息和航行动态信息，为智能助航服务系统提供数据基础。

　　信息发布系统主要包括网络服务器、无线局域网路由器、船端接收设备等，通过无线网络将岸端采集与处理的船舶运动数据和驾驶决策数据传输至船端接收设备，从而支撑开展船舶辅助驾驶。

　　软件系统主要包括岸端与船端两部分软件，岸端软件包括船舶进出船厢助航信息服务平台软件、船舶进出船厢安全监测平台软件、助航信息计算软件等，船端软件主要是图形化显示软件，用于辅助船舶驾驶员驾驶船舶。

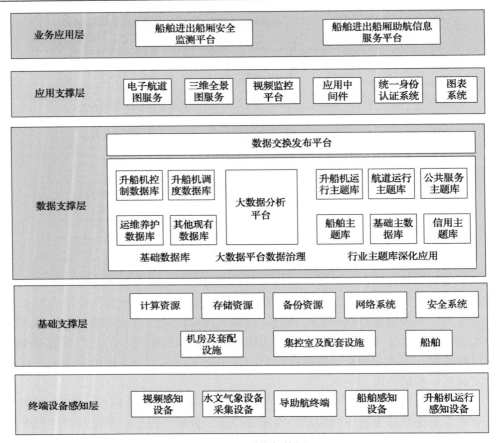

图 10-7　系统架构图

在升船机集控室实地部署船舶进出船厢安全监测平台软件，集成升船机工作状态信息，结合船舶航行状态数据进行安全判断，并使用信息发布模块通过显示屏、甚高频、分区广播、船舶智能终端等进行信息发布。整体网络架构如图 10-8 所示。

数据流程：船舶进出船厢智能助航服务系统监测船舶进入引航道、进入及离开船厢的整个过程。船舶进入监控区域内，安装在特定位置的激光雷达获得船舶点云数据，毫米波雷达获取船舶位置、速度等数据，经局域网传输至服务器。同时，利用高清摄像头拍摄船舶进/出厢整体流程，并通过局域网传输至服务器。服务器接收三类数据后，利用多源数据融合技术生成船舶航行动态信息，同时传输至船载智能终端与监控调度中心，并进行信息实体硬件存储，系统硬件组成如图 10-9 所示。

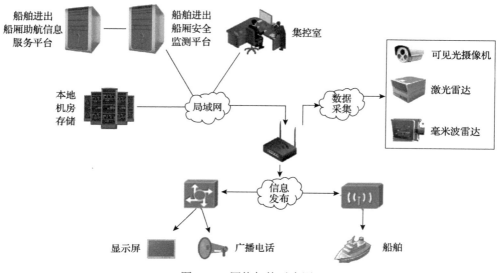

图 10-8　网络架构示意图

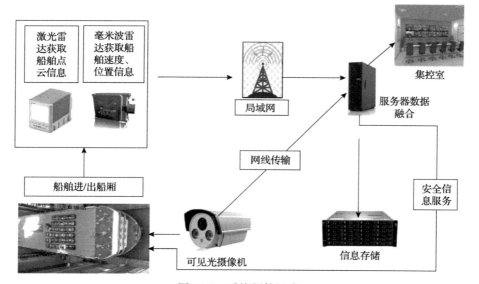

图 10-9　系统硬件组成

　　船舶进出船厢智能助航服务系统通过船载智能终端、集控室显示屏提供船舶进出船厢助航信息，主要船舶进出船厢助航信息如下。

　　(1)升船机运行数据：船舶进/出厢令、船厢下行/上行、开/关船厢门。

　　(2)船舶静态数据：船名、船长、船宽。

（3）船舶航行数据：船舶位置、艏向、航向、航速、船首至停船线距离、船舶吃水。

（4）预警数据：船舶超速、越界数据。

基于三维视景引擎，以三峡升船机为例，开发船舶进出升船机船厢的岸端、船端助航软件界面，该软件集成了 1:1 三峡升船机三维实景环境模型，内置多型内河船舶三维仿真模型，可以根据实际进出船厢船舶类型选择合适的船舶仿真模型，实现船舶的实时三维运动显示，并在三维仿真软件中显示船舶实时的位置、姿态角、航速和偏差信息，从而支持船舶驾驶员更好地掌握船舶实时动态，优化船舶进出船厢运动控制。

船舶进出船厢助航系统可视化界面和智能决策系统可视化界面如图 10-10 和图 10-11 所示。

通过三维实景软件的视角选择、三维漫游等功能，实现在任意位置观察船舶的运动过程，解决实际船舶驾驶过程中存在的视角受限、盲区过大等问题，进一步提高船舶进出船厢的安全性。

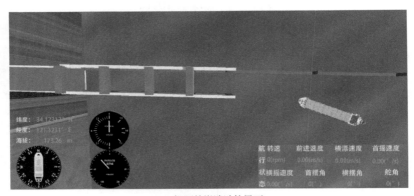

(a) 船厢外岸端助航界面

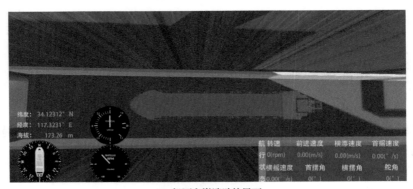

(b) 船厢内岸端助航界面

(c) 船厢外船端助航界面

(d) 船厢内船端助航界面

图 10-10　船舶进出船厢助航系统可视化界面

图 10-11　智能决策系统可视化界面

10.4　小　　结

　　本章针对船舶进出三峡升船机船厢航行效率不高、存在擦碰升船机设备设施的安全隐患、对船舶驾驶员操纵技能依赖性强等问题，基于激光雷达、毫米波雷达、机器视觉等技术，建立了船舶进出船厢风险模型，提出了船舶助航服务技术，结合基于水动力学理论的船舶进出船厢航行决策信息，采用三维视景引擎，研制了船舶进出船厢智能助航系统，提升了船舶进出船厢安全保障智能化水平，助推长江航运和三峡通航高质量发展。

参 考 文 献

[1] 张慧. 三峡升船机船舶安全检测及预警系统的研究[D]. 大连: 大连海事大学, 2016.

[2] 朱维和, 吴健雄, 王鑫. 一种结合 R 树索引和海伦公式的偏航算法[J]. 测绘科学, 2017, 42(3): 18-21, 34.

[3] 李正强. 水上交通态势评估建模与可视化研究[D]. 武汉: 武汉理工大学, 2015.

[4] 徐言民, 张云雷, 沈杰, 等. 基于模糊集合理论的船舶碰撞危险度模型[J]. 舰船科学技术, 2021, 43(7): 82-87.

[5] 余亚磊. 无人运输船舶路径跟踪自主智能控制[D]. 大连: 大连海事大学, 2019.

第 11 章　总结与展望

为解决船舶在限制水域通航安全性和效率低及环境污染等问题，本书主要以三峡升船机为例对限制水域船舶水动力性能进行研究，创建了面向三峡升船机船舶进出船厢的考虑浅水与岸壁效应、高跌差水位波动与盲肠航道效应影响的非线性水动力学理论体系与方法，发展了高效精确船舶进出船厢运动与载荷预报方法，为三峡升船机稳定高效运行、船舶进出船厢安全提供了新的理论、方法与手段。在此基础上，开展了船舶进出船厢牵引方案的研究，提出了船-厢-岸协同船舶过厢航行决策方法，研制了船-厢-岸协同船舶过厢助航服务与智能化监控系统，大幅提升了船舶进出三峡升船机船厢安全保障智能化水平，提高了船舶进出三峡升船机船厢服务的便捷性与通航安全性，保障了通航安全，提高了通航效率，达到了节能减排和绿色通航效益。

由于船型数据、计算条件及时间的限制等，本书所涵盖的内容有限，在未来的工程应用中，可从以下几个方面开展研究工作。

(1) 限制水域实尺度船舶运动的水动力特性研究。进一步考虑船与船之间、船与周围环境干扰因素对船舶水动力性能的影响；综合考虑助推船和被推船相互作用，数值计算限制水域多船组合自推进运动时的水动力性能，更真实地还原复杂黏性流场的变化过程及船舶水动力性能；对实尺度船舶在限制水域运动时的水动力性能进行预报，并与实际通航船舶实测数据进行对比，更精确地预报限制水域船舶通行可行性。

(2) 限制水域实尺度船舶牵引技术研究。基于本书提出的两类牵引装置，可进一步探讨该类装置的细节设计以及与通航建筑物的匹配问题。同时，针对不同工况、不同航道下的船舶牵引装置，其应对的工况复杂多变，进一步提升牵引装置的实用性，使其能够牵引船舶在航道内正常通航。

(3) 限制水域实尺度船舶航行决策方法研究。可以考虑更多的影响因素，如岸壁形状、其他船只等，并对不同工况下的模拟结果进行更详细和更深入的分析；增加更多的功能和模块，如数据可视化、异常检测、故障诊断等，并提高系统的稳定性和实时性；尝试更多的算法类型和组合方式，并对算法的性能和适应性进行更严格和更客观的评估；引入更多的优化目标和约束条件，并考虑多目标优化问题的求解方法。

(4) 限制水域船舶过厢智能助航技术。在获取精确的船舶运动数据基础上，实时仿真推演船舶未来一段时间内的运动状态，评估风险等级，并给出船舶操作指令数据，提供给船舶驾驶员，辅助驾驶进出船厢，提升船舶航行安全性。受限于激光雷达的探测距离，目前本系统高精度检测覆盖范围约 300m，对于长度超过100m 的船舶，覆盖范围稍显不足，船舶位置与姿态调整空间较为局促。此外，激光雷达的视角较为狭窄，时常出现船舶点云因遮挡而不完整的现象，测量精度受限，需进一步构建船舶完整点云数据集，提取实测船舶点云关键点，通过迭代最近点法等实现点云配准，重构三维点云，以克服点云因遮挡而造成误差等问题，实现更大范围内的船舶运动状态高精度监测，进一步提高本系统的效能与实用性。